DISCORSI E DIMOSTRAZIONI MATEMATICHE
intorno a due nuove scienze

[意]亚历山德罗·德·安杰利斯 著
(ALESSANDRO DE ANGELIS)
周 滢 译

跟现代读者谈
伽利略的两门新科学论述和数学论证

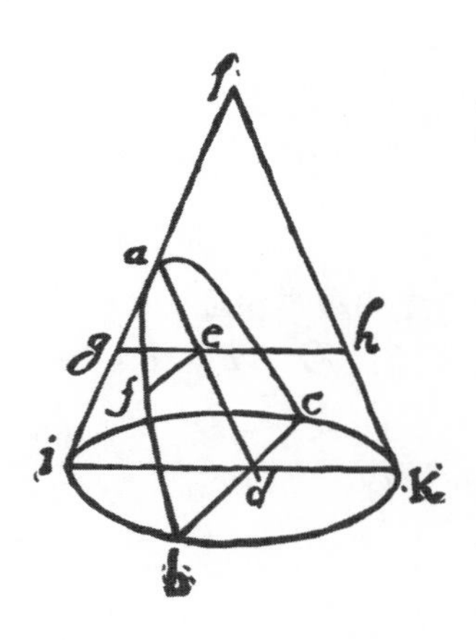

上海科学技术出版社

图书在版编目（CIP）数据

跟现代读者谈伽利略的两门新科学论述和数学论证 /（意）亚历山德罗·德·安杰利斯著 ；周滢译. -- 上海 ：上海科学技术出版社，2023.6
ISBN 978-7-5478-6147-9

Ⅰ. ①跟… Ⅱ. ①亚… ②周… Ⅲ. ①动力学一研究②材料力学一研究 Ⅳ. ①O313②TB301

中国国家版本馆CIP数据核字(2023)第062525号

Original title：Discorsi e dimostrazioni matematiche intorno a due nuove scienze *di Galileo Galiei per il lettore moderno*.
© 2021 Codice edizioni，Torino.
The simplified Chinese translation rights arranged through Rightol Media（本书中文简体版权经由锐拓传媒取得 Email：copyright@rightol.com）
上海市版权局著作权合同登记号 图字：09－2021－1042 号

责任编辑：高爱华　楼玲玲
美术编辑：彭慕遥
项目支持：徐云霞　余　宙　陈　曦

跟现代读者谈伽利略的两门新科学论述和数学论证
［意］亚历山德罗·德·安杰利斯　著　　周　滢　译

上海世纪出版(集团)有限公司
上 海 科 学 技 术 出 版 社　出版、发行
(上海市闵行区号景路 159 弄 A 座 9F－10F)
邮政编码 201101　　www.sstp.cn
上海新华印刷有限公司印刷
开本 787×1092　1/16　印张 12.75
字数 200 千字
2023 年 6 月第 1 版　2023 年 6 月第 1 次印刷
ISBN 978－7－5478－6147－9/N・257
定价：75.00 元

本书如有缺页、错装或坏损等严重质量问题，请向印刷厂联系调换

纪念安东尼奥·法瓦罗(Antonio Favaro)

“所有关于现实的知识都始于实验，终于实验。对于现实世界，通过纯粹的逻辑手段得出的结论是完全没有意义的。伽利略证明了这一点，并将这条原则引入科学界，他是现代物理学之父——不，现代科学之父。”

——爱因斯坦《关于理论物理学的方法》

目 录

中译版序言

中国古语有云，"开物成务"，通万物之志、罗先人之智、揽今世之技，乃是跨越时空、超越国度、集思广益、革故鼎新，为解人类命运共同之问的道理。

在东西方文明中，意大利有着丰富的人文资源，也孕育着人类科技思想的前行力量，而中华民族同样是富有智慧的古老民族。本书就是双方一个很好的文化载体和互鉴桥梁。从伽利略在科学史上有着举足轻重地位的《关于两门新科学的对话》，到亚历山德罗·德·安杰利斯《跟现代读者谈伽利略的两门新科学论述和数学论证》，再到本次同济大学参与完成的中文译本，用赋予新时代的内涵和现代的表达形式，将伽利略的毕生科研精髓再次呈现在新时代的中国，是一件非常有意义的事情。

本书成果得益于同济大学自20世纪80年代起就与意大利政府、高校、机构开启的密切合作。依托"同济大学中意学院"，2006年以来学校与意大利20多所高校合作中意本硕博教育交流项目，培养了诸多通晓意大利语言的卓越专业人才。2017年，"同济大学意大利研究中心"成立，在人才培养、科学研究、咨政建议、学术交流、国际传播等领域取得了丰硕成果，业已出版了多本中意图书，为中意双方的理解互信、深度合作搭建平台。此次新书能够翻译出版，首先要感谢上海科学技术出版社、意大利伽利略博物馆对本项目的支持，也要感谢本书译者、意大利研究中心研究员周滢老师和中意学院同事们的辛勤工作。

伽利略带来了现代科学的启示，也散发着古典人文气息。1638年，双目失明的伽利略在生活中感知美好，带着疑问开启议题，以科学实验般的对话描述，论证了新的科学思维方法，在监禁中完成了这部作品，为后人留下了宝贵的科学财富。他被称为"现代科学之父"，不仅是因为在天文学、力学、哲学、物理学和数学等诸多领域的卓越成就，更是因为他是科学革命的先驱，是创立新说的巨人。本书的意大利作者，也是在青年时期就立志完成解读伽利略思想的伟大计划，用通俗的语言为现代读者探索科学新的边界提供助益。因此，本书不仅是知识的补给，也是精神的食粮。希望读者们能激发兴趣，深入思考，收获探索真理的勇气，坚定科学的意志，发现智慧之美。科学需要传承，也需要创新，发现、开创、坚持、超越，新的奇迹将属于新的一代人。

同济大学副校长

中意学院院长

意大利研究中心主任

雷星晖

2023 年 4 月

原出版社序言

社会是由人们相互提供的服务凝聚在一起的，而艺术和科学在这方面有着卓越贡献，这些领域的研究一直受到最高的敬仰，也同样被我们睿智的先辈高度重视。发明的实用性和卓越性越显著，发明者获得的荣耀和赞誉就越伟大。有时，人们甚至会神化发明家，以使他们因为这些发明而永垂不朽。那些拥有跳脱思维的人也应该受到赞扬和钦佩，纵使他们只将注意力限制在已知事物上，发现并纠正了名人发表的论述中长期被误作真实的错误观点。虽说这些人只是指出了错误而没有用事实去纠正，但当别人为了寻求真相而披荆斩棘时，他们仍是值得赞扬的对象。这一事实使称为"演说家王子"的西塞罗感叹："我希望发现真相和揭露谎言一样容易。"

过去的几个世纪值得这样的赞美，因为直到现在，古人发现的艺术和科学通过现代不断的调查和实验得到了极大的完善，并且在不断改进，这种发展在精密科学中尤为明显。其他万千成功人士可以放在一边暂且不谈，但我们必须把学者们众望所归的第一名宝座授予猞猁学派成员伽利略·伽利雷。

伽利略值得这一荣誉，不仅是因为他发表的作品中揭示了我们许多固有理念里的错误，而且还因为通过望远镜——在这个国家发明的，但被他进行了颠覆性的改良，他发现了木星的四颗卫星，向我们展示了银河系的真实面目，太阳黑子，月球表面崎岖不平、云雾缭绕的部分，土星的"三重身"[1]，金星的位相以及彗星的物理性质。这些课题对于古代的天文学家和哲学家来说是完全未知的，因此可以说，他以一种全新的方式向世人重新展示了天文学这门科学。

造物主的智慧、能力和仁慈在苍穹和天体之间，比在其他任何地方体现得更为淋漓尽致。尽管距离相隔得无限远，但仍有人可以把这些奇观一览无遗地展示在我们面

1 实为土星环，由于伽利略的望远镜分辨率有限以及观察时方位不甚理想，伽利略误将其解释为行星两侧的两颗卫星。

前，他们的功勋值得世人赞颂，套用一句流行用语来说是，一图胜千言。或者，正如另一句谚语的说法：直觉与严密的定义是并驾齐驱的。这一部作品以更为淋漓尽致的方式展示了伽利略与生俱来的神圣天赋。它告诉我们伽利略如何不辞辛劳、夜以继日地发现了两门全新的科学，他在书里对其进行了严格的证明，比如几何证明。最引人入胜的是，这两门科学中的一门涉及一个常年热议的话题，也许是所有话题里含金量最高的，它引起了诸多伟大哲学家们的关注，并著书立说——我指的是运动，这一现象具有许多至今都未曾被人发现或证明的神奇特性。作者在其研究基础上建立起来的另一门科学与固体抵御断裂的性能有关，这门学问在艺术和力学中极其实用，蕴含了大量伽利略独具慧眼发现的属性和定理。

本书开天辟地探讨了这两门科学，而且随着时间的推移，新的思想家会在此书翔实的结论上继续为两门科学添砖加瓦。此外，作者通过大量清晰明了的证明，为未来睿智的读者证明新的定理铺平了道路。

泰尔莫·皮耶瓦尼序言

在伽利略(Galileo Galilei)看来,自然之书是用数学语言写成的,更准确地说,是用“三角形、圆形和其他几何图形”写成的。四个世纪后的今天,亚历山德罗·德·安杰利斯(Alessandro De Angelis)则用代数语言写就这本自然之书。无论你以自上而下的宏观视野,还是用自下而上的分析视角来阅读《跟现代读者谈伽利略的两门新科学论述和数学论证》这本书,映入你眼帘的这部著作的开创性本质始终如一。对于这本书,我们有一个期待,就是希望用具有可读性的语言把原作品描述出来,让读者能够更加清晰地了解其论证结构。诚然,将伽利略晚年的代表作翻译成现代语言是一件大胆的、困难的事业,但对待这项事业,我们用极其严肃和认真的态度。

已有珠玉在前。1983 年诺贝尔物理学奖得主、恒星进化之谜的破译者、苏布拉马尼扬·钱德拉塞卡(Subrahmanyan Chandrasekhar)在他生命的最后几年,即 1990—1995 年间,曾用牛顿(Isaac Newton)的《自然哲学之数学原理》(*Philosophiae Naturalis Principia Mathematica*,简称《原理》)一书做过类似的尝试。他用专业的数学符号代替几何推理的方式重写了《原理》一书,选择了一些重要的问题完整地展开了论证。牛顿历史学家们在为这一大胆尝试拍案叫好的同时,也注意到了由于欠缺对历史背景的考虑,而导致书中部分意思有所曲解的问题。

新版本是否具有时代现实意义,重译本有否残缺、不忠于原作的遗憾,以及引进时机合不合适的风险,都是做这件事的基本问题。然而,安杰利斯并未对这些繁文缛节望而生畏,他完成了一个从自己青年时期就开始酝酿的伟大计划——为现代读者重写伽利略的《关于力学和位置运动的两门新科学的关于两门新科学的对话和数学论证》(*Discourses and mathematical demonstrations related to two new sciences concerning mechanics and local movements*,简称《关于两门新科学的对话》)。该书的原著比牛顿的《原理》一书还早 50 年问世,牛顿本人也明确承认《原理》一书受到了伽利略这部著作的深刻启发。

然而,安杰利斯与钱德拉塞卡的一些差异还是可以看出来的,这一切都有赖于意大利人"天生的直觉"。此次改写的版本非常完整,仅在原作的基础上做了少许巧妙的删减和增补——它不是一部杂记,不会随心所欲地选文,而是完完整整地把作品展现在读者面前,包括《新增的一天》里关于冲击力的对话。本书对批判的历史、时代背景和文本的文学性给予了较大的关注,书稿中使用的原始插图极大可能出自伽利略本人手笔(至少前三天内容中的插图是的),采用的数学工具也是当时欧洲众所周知的。若不是安杰利斯根据自身学识做出了甄选,这本书从某种程度而言几乎就是伽利略本人所著的《关于两门新科学的对话》了。此外,本书以非正式的、亲切友好的对话呈现,并配有精细、准确的注释,其内容在设置上还考虑到了文体、内容、历史和参考文献等方面。最后一点,本书的优点还有安杰利斯在《编者评述》中坦诚地介绍了所有内容选择的方法论。以上这些细致的考虑使本书成为一部严谨的、周密的科普作品,并使其与伽利略早六年发表的《关于托勒密和哥白尼两大世界体系的对话》(*Dialogue concerning the two chief world systems*,以下简称《两大世界体系的对话》)更为相似,这也算是一个有趣的呼应。

事实上,本书还面临着另一大挑战。伽利略的散文堪称列莱奥帕尔迪(Leopardi)散文的典范,伊塔洛·卡尔维诺(Italo Calvino)在1967年的时候就评价伽利略是"在任何时候看,他都是意大利文学最伟大的作家",他的文章结合了精确的表达、科学的论证和散文式的抒情。这还不全是写作风格的原因,伽利略为了和那些故作高深、晦涩难懂的学术界和教会权威打擂台,开启了一项真正的文化革命。他用白话文写作,给所有充满好奇心、愿意敞开心扉接受宇宙新观点的读者看,他们也许会因为开放宇宙的真相揭示或者大部分空间仍待探索的世界版图的公开而雀跃不已。新天文学和新物理学的思想也因此成为戏剧性叙事和公开式论辩。然而,安杰利斯也提道,伽利略的写作不见得总是清晰且有条理的。

原版《关于两门新科学的对话》一书尽管也采用了对话和叙事的形式,但最终呈现为俗语和拉丁语的奇怪混合体,与《两大世界体系的对话》相比几乎倒退了一大步。作品中充斥着晦涩难懂的语句、难以理解的段落,以及不时出现的莫名其妙的过渡。或许是因为过去几年伽利略过于繁忙,或许是接受教会审判后的恐惧,使得他的作品文字阅读起来更加雪上加霜。此外,本书虽然角色与《两大世界体系的对话》中的雷同,但三人出场的方式却没有那么直观。书中没有出现逍遥学派、哥白尼和其他举足轻重的人物,而是将伽利略的科学思想,从青年到成年的不同阶段戏剧化地表现出来。

《关于两门新科学的对话》一书通过巧妙的设置拥有了戏剧的内核，讲述了一个智慧的故事，一连串的假设、发现、实验和论证从科学家的头脑转移到不同人物的口中。这是一场由内而外的科学革命。

事实上，如果今时今日把《两大世界体系的对话》一书拿出来重读的话，就会发现辛普利西奥(Simplicio)的形象不仅仅是对反对派的讽刺(或针对当时亚里士多德拥护者的辩驳)，更像是把自己设想为对手的虚拟人物——试着把自己想象成托勒密式的物理学家，你会得出怎样的荒谬结论呢？除去文风，伽利略一贯著名的特点都在本书中被生动地呈现出来，包括具体的例证、真实经历的叙述、清晰明了的论证、挑战常识的极端案例。

你会在这本书里读到很多有趣的内容，像猫从高处坠落却毫发无伤、振动的和弦、关于一和无穷大理论的题外话、动物骨头的坚固程度，还有斜面、钟摆、抛体，以及空间、时间和运动的物理学，惯性原理，钟摆的等时性，与重量无关的物体下落的加速度等，这些知识充满了智慧和美好。最重要的是，因为安杰利斯的改写和代数演绎，读者可以更加明确地理解伽利略思想的起源——重要的不仅是固定的结论(它们仿佛是永恒的)，还有发现结论的过程，也就是使结论真正成形的具体的智力劳动。当三个朋友彼此友好交谈时，一个世界正在消亡，即传统文艺复兴学派的世界，另一个世界在崛起，即实验、工程技术和所谓的"卑鄙的机械师"大显神通的世界。

将这项工作赞誉为一场"及时雨"还有另一个理由。1592—1610年年间，伽利略在意大利的帕多瓦(Padua)度过了一段幸福的时光，你在本书中即将阅读到的对话和证明都得益于他在那段岁月留下的讲义和实验笔记，其中引用的大部分实验也很有可能就是在帕多瓦时构思和开展的。伽利略虚构的叙事里各色人物以各种方式围绕帕多瓦大学极其活跃的学术氛围来展开。

这部著作是献给诺阿耶伯爵(Count of Noailles)的，在他果断的协调之下，本书得以由出版家洛德韦克·埃尔泽维尔(Lodewijk Elzevir)于《两大世界体系的对话》被列为禁书的几年后在荷兰莱顿(Leiden)出版。诺阿耶伯爵曾是伽利略在帕多瓦大学任教期间的学生。这所对伽利略敞开怀抱、给予他极大研究自由的大学在本书的字里行间无处不在，帕多瓦大学于2022年迎来其第一个建校八百年庆典。帕多瓦大学的科学家兼教授的这项杰出作品在这一引人注目的周年庆典之际绽放光芒，是一件多么意义重大的事。从伽利略时代的帕多瓦到今时今日的帕多瓦。

卢多维科·杰莫纳特(Ludovico Geymonat)写道：在《关于两门新科学的对话》一书中，伽利略典型的具有说服性和防御性的叙述实现了数学和实验的相互融合，这将成为所有现代科学的基础。世界上存在的一些著作是可以跨越时代的，是书的根基，被誉为“首席数学家和哲学家”的托斯卡纳大公爵（the Grand Duke of Tuscany）的最后一部著作就是其中之一，这里第一次向充满好奇心的读者公开其全貌。现在，有这么一位满腹经纶的现代科学家、21 世纪的粒子物理学家和天体物理学家，他对科学思想史的重要性深有感悟，并在此成功地向我们还原了那种永恒的感觉，如同伽利略在《关于两门新科学的对话》的第四天所定义的那般：“必要的论证同时充满惊奇和喜悦的力量，这才是真正的数学。”

泰尔莫・皮耶瓦尼

Telmo Pievani

意大利帕多瓦大学科学逻辑与哲学系主任

前 言

在今时今日阅读伽利略·伽利雷(Galileo Galilei，1564—1642 年)的作品不是那么容易的，因为他在几何推理中对伟大的希腊几何学家引经据典，所闪耀的文化气息与以符号为主的现代数学截然不同，这对理解论证产生了难度。另一个困难与讲现代语言的读者有关：他的写作语言不易于直接理解，采用了大量的双重否定和多层次的插入句[1]。但伽利略也是现代科学和文化之父，他机智且风趣，因此，每一位读者都可以从他的作品中感受到如此充沛的艺术、智慧和优美，用伽利略自己的话来说，就是能够感受到如此多的神奇。

为了让想象中的"现代"读者能够读懂伽利略，我用现代语言和代数公式重新"翻译"了《关于力学和位置运动的两门新科学的对话和数学论证》(简称《关于两门新科学的对话》)。这不禁让我想到自己的孩子们：他们对科学充满热情和好奇，但令人遗憾的是，他们几乎没有时间去钻研词汇、历史和哲学典籍。苏布拉马尼扬·钱德拉塞卡为牛顿的《自然哲学的数学原理》(以下简称《原理》)完成过这样的工作。

除却《编者评述》中注明的特殊情况，我只选用伽利略时代已知的数学方法以及第一版的原始插图，因为它们是艺术之作，许多历史学家[其中就有该作品意大利国家版的编辑安东尼奥·法瓦罗(Antonio Favaro)]都认定这些图画是由绘画艺术天赋异禀的伽利略本人亲手绘制的。我的观点得到了佐证，在与保存在佛罗伦萨的伽利略手稿风格进行对比后发现，该书前三天的画作应该出自伽利略本人之手，而第四天和新增

1　必须承认，许多作家认为伽利略的语言是意大利文学的杰出代表之一。伊塔洛·卡尔维诺(Italo Calvino，1923 年 10 月 15 日—1985 年 9 月 19 日，意大利当代作家)写道："在任何一个世纪来看，伽利略都是意大利文学(他后来澄清为'散文')最伟大的作家，只要伽利略开始谈论月亮，就会把他的散文提高到精确和论证的程度，同时也兼具极其罕见的、惊人的抒情。而伽利略的语言是伟大的致月亮诗人莱奥帕尔迪的语言风格来源之一。我个人对其语言不做判断，但我坚持认为阅读伽利略的著作绝非易事。"

的一天的则不是。

1638年出版的《关于两门新科学的对话》是伽利略·伽利雷的最后一部著作,展示了他毕生开展的科学研究。该书的构思始于1602年,包括他与以保罗·萨尔皮(Paolo Sarpi)为代表的众多笔友们,就空间、时间和运动的概念进行的长期的思考和探讨。1608年,伽利略开始撰写初稿,但在1609年他得知望远镜的发明之后,就把热忱投入了这种新仪器。他对望远镜进行了一番改进,并完全被天文观测所征服。1633年之后他再次把本书的撰写当成工作的重心。除了大量原有的话题,这本书还包含了1590年左右写成但从未出版的作品《论运动》(*De motu*)中的主题内容,以及之前也从未发表过的但可追溯到帕多瓦时期的讲义和实验笔记(伽利略曾说过,1592—1610年是"我一生中最美好的十八年"[1])。《关于两门新科学的对话》堪称伽利略的物理学思想之大全,正如《关于两个世界体系的对话》(1632年)是他的宇宙学思想之总结一样。

《关于两门新科学的对话》一书提到的两门新科学是第一天和第二天讨论的材料科学(特别是与建筑科学相关的)以及在第三天和第四天讨论的力学。在本书中,我选择增加一天的对话来讨论冲击的力量,也就是运动传递给物体的方式。这也是伽利略在第一版中希望囊括的内容,他曾在正文以及给编辑的一封信中两次提及此事。在第一版筹备之际,伽利略迫于出版商催促他尽快完稿的压力,且认为这部分内容尚不成熟,而决定将相关章节推迟出版,该部分内容直到他死后才得以面世。而我放弃了第一版《关于两门新科学的对话》附录中关于固体重心的部分,这部分实为伽利略青年时期创作,但迟迟不曾公开的内容,因为伽利略说过:"它与卢卡·瓦莱里奥(Luca Valerio)的《固体重心》(*De centro gravitatis solidorum*)相比,黯然失色。"

《关于两门新科学的对话》是科学史上最重要的作品之一:它为半个世纪后出版的牛顿的《原理》(牛顿不仅承认伽利略是牛顿第一运动定律,即俗称的惯性定律的原创者,而且肯定了他对牛顿第二运动定律的贡献,即力与加速度之间比例关系的确立)[2],以及一般的实验科学奠定了基础。此外,该书还包含了不少重要发现,仅举几个主要的例子:惯性原理、对物体运动的解释、不同重量的物体在真空中以相同的加速度下落的观察、钟摆振动(后修正为摆角小于5°的小幅摆动)的等时性证明、抛体的抛物线运动轨迹证明以及声学方面的创新思考。这本书史无前例地通过数学来解读物理学这门亚里士多德口中的"自然之科学"。用设计、展开实验的方法验证假设也开创了实验科学的先河。伽利略有感于他所留下的这份重要遗产,经常在文章中提及。斯蒂芬·威廉·霍金(Stephen William Hawking)将这本书列为物理学和天文学历史上的五部奠基之作之一,而数学家阿尔弗雷德·雷尼(Alfréd Rényi)说,它是过去两千年内最重要的数学成果。

本书的写作风格与伽利略原版相同，同样是三个人物——辛普利西奥(Simplicio)、萨格雷多(Sagredo)和萨尔维亚蒂(Salviati)——在讨论。其中两个角色以真实人物，也是伽利略的朋友为原型：佛罗伦萨人菲利波·萨尔维亚蒂(Filippo Salviati)，他和伽利略一样也是猞猁学院学者；另一位是威尼斯人詹弗朗切斯科·萨格雷多(Gianfrancesco Sagredo)，他曾是伽利略在帕多瓦大学任教时的学生。第三个角色辛普利西奥则是一个虚构的人物，他的名字取自古代亚里士多德评论家(公元6世纪)，带有某种把科学"过分简单化"的寓意(通常辛普利西奥承担着亚里士多德教授的角色，或者以亚里士多德学派名义的观点，即亚里士多德学派的信奉者，不过分批判)[3]。辛普利西奥的论点代表了伽利略早期的观点，萨格雷多代表中期，而萨尔维亚蒂则代表着成熟时期的作者观点。

在他们的讨论中，这三位朋友经常评论一位在帕多瓦大学任教的院士写的拉丁语论文，显然这位院士就是虚构的伽利略本人，他也经常被简称为"作者""院士"，有时甚至是"我们的朋友"。该论文原文为拉丁语，在本书中已译成现代意大利语，但将其转为斜体。在《新增的一天》里介绍冲击力时，话题围绕运动与物体的互动方式展开，当天辛普利西奥缺席，取代他的是来自特雷维索市(Treviso)的保罗·阿普罗伊诺(Paolo Aproino)。他曾是伽利略在帕多瓦大学的学生，在那里和来自乌迪内(Udine)的丹尼尔·安东尼尼(Daniele Antonini)一起协助伽利略进行了一些关于运动的实验。

柏拉图曾经说过，众多修辞学课程也特别强调，对话的技巧应用除了比传统论文更具说服力之外，还可以规避某些论证的公式化困难，伽利略可能是受限于微积分发明之前数学工具的不充分，无法严格地开展某些公式化的论证。它与数学论文不同，数学论文往往受到严格的限制，也就是在进入下一个命题之前必须证明前一个命题(而这本书中用拉丁文写的部分恰恰是数学论文)，对话却能绕过一些严格的证明而用可信的理由加以阐释。在这个意义上，拉丁语单词 demonstratio 的含糊其辞起了作用，西塞罗(Cicero)用这个词来表示展示、指示和揭露的行为，以及数学意义上的证明和形式论证[4]。就像阿里斯托芬(Aristotle)喜剧向我们揭示不可言说的事物一样，伽利略采用的对话形式为描述数学中难以具象化的事物提供了可能。在每一个足够复杂的公理系统中都有不可判定的命题，甚至在每一个足够复杂的公理系统中都有不可判定的陈述——这可能是人类历史上最伟大的发现之一。对话的形式可以让你超越那些悬而未决、不可判定的因素，并将合情合理、近乎真实的事物等同为可感知的事物。

由于伽利略的前一部著作《两个世界体系的对话》受到教会审判，并被列为禁书，他因此很难再找到出版商出版自己的作品。最后，他与在荷兰南部莱顿工作的出版家洛德韦克·埃尔泽维尔达成了合作，并获得了巨大的成功——这很可能是诺阿耶伯爵促成的。而这部著作正是献给伯爵的，他是伽利略的在帕多瓦大学任教期间的一名特别的学生。

埃尔泽维尔为此书撰写了一篇优美且博学的序言。当时这本书约有500册在罗马发行，并迅速售罄。法国数学家马林·梅森(Marin Mersenne)收到了此书，立即发表书评并于次年出版了一本名为《伽利略的新思想》(*The new ideas of Galileo*)的翻译、评论和解读之作。还有一本流传到了笛卡尔(René Descartes)手中，他快速阅读并立即与马林·梅森通信，批判了其中《第四天》的某些证明。而伽利略本人在此书出版六个月后才收到属于自己的样书，他对此还颇有微词。

书名中的"数学"一词需要澄清。尽管这本书用数学语言谈论自然，但实际上伽利略也只是极其有限地使用了代数公式，他更偏向于使用几何："'宇宙'是用数学语言写就的[5]，字符就是三角形、圆形和其他几何图形，没有这些符号，人类就不可能理解宇宙的任何一个词；没有它们，人类就像在黑暗的迷宫中徒劳地徘徊[6]。"$F=ma$ 和 $E=mc^2$ 等公式是当今物理学的核心，但代数和分析方法是同一世纪的笛卡尔等人引入的，而同世纪的伽利略、牛顿专注于撰写基础性研究著作。就像牛顿在他的《原理》中一样，伽利略没有使用这种新语言——比起代数，他更喜欢几何，他对希腊文化经典的赞誉甚至超越了与时俱进的分析方法。

最后，本书也可以作为高中物理教师的教学辅助工具，它符合理科高中改革的指导方针，该方针是希望在物理学科教学中广泛采用历史批判视角。

以下是致读者的温馨提示：为了不增加阅读困难，我使用了两种类型的注释：同页的脚注可能会给读者带来乐趣或惊喜；书后的尾注或评论在第一次阅读时可先跳过。我尽可能避免超出高中生知识范围的数学和逻辑符号，但大量使用了数学符号"$\propto$"(表示等比关系)和逻辑符号"$\Rightarrow$"(意味着)；有时我用符号"$\equiv$"表示"定义相同"；还有一个可能不甚清晰的惯例，我用符号$|AB|$表示线段 AB 的长度。对于专业读者来说，页边空白处标明了本释义中描述的主题与国家版页数之间的对应关系(见参考文献)，这与该主题相关的其他著作所做的一致；当然，由于我的工作性质，这里的对应关系有时也不完全一致。

为了让伽利略的作品更加易于阅读，我受益于多方合作，并有所妥协。我不想让导言太过冗长，于是借书后的《编者评述》处理了释疑解惑这个问题，评述中也描述和解释了对一些文体和原始材料的选择情况，并加入前辈们对该作品注释的简要参考文献。在这些参考书目中，尤其要提到安东尼奥·法瓦罗编辑得精美绝伦的意大利国家版《伽利略全集》，该书承载了本该担心今天已不复存在的文化，幸运的是还有永恒的书面文字，让我们依然可以听到经典文化的回响。我想为一些读者指明方向，也许他们因为读了我编写的作品，会兴致勃勃地期待直接用作者的语言感悟作者本人的思想。

亚历山德罗·德·安杰利斯

Alessandro De Angelis

2021 年 2 月，于帕多瓦

伽利略的计量单位

在伽利略时代，秒是一个天文学方面的标度，不用作地球事件的计量单位。药剂师的度量衡几乎是整个欧洲通用的称重标准，但以麦粒为基本重量对于普通测量来说太小了。磅作为一个重量单位，在不同的国家对应不同的重量。长度单位，如脚和臂（有时称作“库比特”[1]），度量差异更大：在意大利，臂在不同城市甚至在同一城市的不同时代，都表示不同的长度。伽利略也不使用小数，而是只计算整数的比率，这使得小单位更有优势。在此附上伽利略使用的计量单位，并将它们与今天常用单位进行了换算。

空间

英里	1.65 千米
长矛	3.6 米
杆	4 臂≈2.3 米
臂（库比特）	57 厘米
足	半臂≈28 厘米
掌（拃）	三分之一臂≈19 厘米
拇指	2.5 厘米
指	定性描述
点	λ≈0.94 毫米

请注意，“点”几乎是肉眼可测得的最小距离。

1 埃及人使用的库比特（一个埃及库比特大约相当于 45 厘米）是最古老的长度单位之一，它指的是肘部和中指尖之间的距离。

重量

磅	340 克
盎司	28 克
打兰	3 克
丹尼尔	1.2 克
格令(麦粒)	52 毫克

时间

在伽利略的大部分证明中，没有必要使用时间的绝对测量值，因为均匀的节拍声已经足够实现记录时间的均衡，靠节拍可能达到五分之二秒的精度。伽利略的听觉特别敏锐，这得益于他从父亲那里接受的音乐教育。他在《第一天》中就清楚地表明，在五度音程中听到了两个分量频率中只有一个达到最大和两个都达到最大的瞬间差异。

伽利略在《关于两门新科学的对话》中使用了一种不是特别精确的计量单位——脉搏，还有钟摆的摆动和节拍的计数。而在他的笔记中则使用了一个非常精准的、定量的计量单位——“时间(tempo)”，而且对使用水钟(用水计时的漏壶)的描述比本书《第三天》里更加贴切。“时间”大致对应 1/30 盎司或 16 格令分量的水流过他的水钟所花费的时间，大约是应用此方法可感知的最小时间间隔。

$$\text{时间 } \tau \approx 1/92 \text{ 秒}$$

使用这些测量单位，以“时间”计时，以“点”测距，可以得到地球表面的重力加速度：

$$g \approx \frac{\pi^2}{8}$$

这就理顺了钟摆长度 L 和周期 T 平方之间的关系：$T^2 = 4\pi^2 L/g$。根据德雷克(Drake)的说法，“时间”很可能以这种方式进行了精确的校准。

速度

伽利略只设想了同维度上大小比例的关系。他的理论发展套用现代术语来说就是以测量手段为基准的“视差”。然而，他明确地谈到了“速度的(程)度”，也就是不同的实验者都可以复制重现的速度——例如，一个物体从 1 支矛的高度下落时获得的速度。

伽利略使用的部分术语汇总表

由于牛顿及其杰出的继任者们的工作，力学科学在今天已经形成了一套完善的体系。除了拉丁语/意大利语和英语之间的一些差异外，力量、重量、能量、冲量、动量、力矩、动量矩（角动量）等概念都有明确的定义，没有任何模棱两可的空间。

而在伽利略时代，情况则完全不同，他使用的术语（动能、力量、动量、重力、能量、美德、天赋……）有时与现代的视角不太一致。要理解在他的时代，以何种程度定义这些概念不是绝无可能，但是难度不小，而且绝对超出本书研究的范围。通过这个简短的词汇表，我们可以尝试理解这些术语在今天物理学语言中可能对应的内容，试着去分析伽利略在这部著作的各种背景下对术语的使用（本书已做了一定简化，将“美德”“天赋”等术语用动能、动量、速度等进行了替代）。

本词汇表也存在从当代视角误解伽利略著作的可能，因此在此向各位读者们提个醒。还需要注意的是，伽利略对这些概念的使用在他的一生中也是不断演变发展的，因此本表的内容仅用于理解《关于两种新科学的对话》一书，严格来说，并不完全适合他的其他作品，比如年轻时期的伽利略在帕多瓦大学时期的课程讲义。

Impeto: 冲量。这个术语最常用于表示“动能”（energia cinetica），特别当伽利略提道：“物体从 2 臂的高度下落所获得的动量是从 1 臂的高度下落时的 2 倍。”有时这个词也作“能量”（energia）用。在“中断的摆”实验中提道：“物体从静止状态下落到给定高度后获得的能量足以使它回到相同的高度。”而在其他情况下，该术语表示“动量”（quantità di moto）。

Momento: 单词意为“瞬间”（istante di tempo），伽利略用该术语主要表示“动量”（quantità di moto），但有时也用作“能量”（energia）。该术语有时用于表示“力的动量”（momento di una forza），但在这种情况下，区别还是很明显的。

Forza: 力量。在《关于两门新科学的对话》中，对“力”一词的使用有时是符合现代意义的，这可能是牛顿承认《原理》第二定律是在伽利略的基础上建立起来的真正原因（见尾注[2]）。有时，伽利略也会用“美德”（virtù）一词来表示“力”。

gravità： 该术语通常被解释为“重力”。

Impulso： 伽利略一般用这个术语表示“推（动）力”。

关于本书

为了便于读者阅读,下文对每一天对话的议题进行了简要的总结,更详细的介绍可以参见目录,目录里的详细内容取材于《最值得关注的事物表》,这是伽利略写于原作末尾并按字母顺序排列的解释性索引。

第一天:一门关于固体抗断裂性能的新科学。

· 萨格雷多不明白为什么几何形状相似的机械,其强度会随着尺寸的增加而降低。萨尔维亚蒂指出了事物尺寸的重要性:一匹马从 3 臂或 4 臂高的地方掉落下来会摔断骨头,而一只猫从 2 倍的高度摔下来却毫发无伤。

· 讨论了杆、柱子和绳索的抗力,以及这种抗力的哪一部分可以归因为对真空的恐惧[1]。文中以被吸进管道的水柱无法高于 18 臂为例,说明了因真空恐惧产生的抗力。

· 通过对材料原子结构的讨论使话题转移到可分和无限上,并观察到自然数的平方数等于其根数,尽管它是一个子集。最后得出结论,如果有一个数字是无限的,它只能是单位数 1。

· 讨论了光以及它的速度如何使它强大到足以熔化金属。文中描述了测量光传播速度的实验(失败了),一些观察结果表明光的传播不是瞬时的。

· 萨尔维亚蒂指出,在一个没有阻力的介质中(真空),所有物体都会以同样的速度下落。这与亚里士多德认为速度与重量成正比的观点相反。观察结果证实速度差异取决于空气阻力。乌木的比重是空气的千倍(文中描述了测量空气的方法),它的下落速度只比铅稍慢,而铅的比重是空气的 10 倍。但物体的形状也很重要,且会影响物体下落的速度——一片金叶子可以飘浮在空中,而充满空气的气囊下落速度比铅慢

1 根据亚里士多德《物理学》(*Physics*)第四章,这句话指的是自然界厌恶真空空间的存在,其结果之一就是物体倾向于保持凝聚力,并紧密结合在一起。

得多。

• 相同长度的摆在真空中的振动周期与振动的幅度和重物的材料无关。文中讨论了摆的长度和周期之间的关系。

• 对琴弦振动进行了讨论，展示了琴弦的长度、张力、横截面和特定重量与其振动产生的音之间的关系。文中讨论了为什么两个音在一起有时听起来是和谐的，而有时是不悦耳的[1]。

第二天：对材料的抗力追根溯源。

第二天的讨论对第一天的许多论点进行了正式的确立：

• 萨尔维亚蒂介绍了有关杠杆平衡的规律，并介绍了动量的概念。他展示了各种尺寸和厚度的梁在一端或两端受到外力作用的情况，甚至仅在其自身重量的作用下支撑的原理。

• 证明了对于体格较大的动物，其骨骼必须成比例变得强壮。

• 证明一端有固定而另一端承载负荷的梁其最佳轮廓是抛物线状。空心圆柱体比相同重量的实心圆柱体更加坚固。文中讨论了如何绘制抛物线，以及两端连接的链条构成的曲线形状是什么。

第三天：另一门关于位置运动的新科学。

• 首先定义了匀速运动，论证了速度、时间和距离之间的关系；然后定义了匀加速运动，在这个运动中，速度在相等的时间间隔里会获得相同的增量；最后证明匀加速运动是最能描述自由落体的运动。

• 证明一个物体从静止开始做自然加速运动时，所通过的距离与时间的平方成正比；描述了在不同坡度的斜面上滚动的球的实验过程，证明了从静止状态开始运动的物体，其最终速度只取决于下落的高度。

• 介绍了水平面上的惯性原理。

• 讨论了沿圆的弦线的下落问题，证明沿所有弦下落的时间是相等的。证明沿弧线下落比沿弦线的下落用时更短，并讨论了下落时间最短的曲线问题，即所谓的“最速降线”。

• 讨论了钟摆振荡的等时性。

1　伽利略的父亲是一位著名音乐家，他本人也是一位出色的诗琴演奏家。

第四天：抛体运动。

· 讨论了抛物线的圆锥曲线和抛物线的几何特性。

· 说明了如何在垂直方向上以叠加方式组成复合运动。

· 抛体的运动包括匀速的水平运动和自然加速的垂直运动的组合，该复合运动组成抛物线；讨论了空气阻力的影响；讨论了确定射程与抛射体初速度和仰角的函数问题，并证明了仰角为 45°时射程最大。

· 如果目标与射弹往相同方向移动，射弹击中目标的效果就会降低，说明了速度的构成。

· 绳索或链条永远不可能是水平的，而是一条接近抛物线的曲线。

新增的一天：冲击的力量。

这一天辛普利西奥缺席，阿普罗伊诺取代了其角色，他曾在帕多瓦协助伽利略开展过一些实验。

· 对伽利略关于冲击力（冲动性打击，如锤子锤打钉子、打桩建地基等现象）的实验进行了说明，讨论了冲击力的哪一部分来源于重量，哪一部分来源于速度（伽利略已经接近了“动量”的概念，后来由牛顿正式确定）。

· 惯性原理的介绍是对第三天内容的补充。

伽利略·伽利雷致阿诺耶伯爵的献词

致尊敬的阿诺耶伯爵大人

基督教至高无上的长老、圣洁灵魂团的骑士

陆军元帅和指挥官、鲁埃格(Rouergue)总管和地方长官

奥弗涅(Auvergne)崇高的代理长官、我的主人和我尊敬的保护者

最杰出的阁下:

我的拙著为您送去愉悦,深感您是如此宽宏大量。您知道,我因其他作品的不幸命运而感到失望和沮丧,故已决定不再出版自己的任何作品。但我认为保存这份手稿使其免于被世人遗忘是何其英明的,毕竟有人明智地关注我研究的问题,至少对于他们来说,这部作品是有意义的。

因此,我首选将这部心血之作交于您手中,你是最值得保管此作的人。且我相信,您出于对我的情谊,会发自真心地保护我的研究成果和作品。在您从罗马传教返程途经此地之时,我有心像过去的多次书信致意一样亲自向您致敬,于那次会面中我向阁下呈递了一份作品稿。您收到时的喜悦使我满怀信心,作品定会得到您的悉心保存。我的作品被您带去法国,展示给熟悉这些科学的朋友们,这件事向我证明了自己的长期沉寂不会被误解为游手好闲。

不久之后,我正打算将其他副本寄往德国、佛兰德斯(编辑注:西欧的一个历史地名)、英国、西班牙,也许还有意大利的某些地方之际,艾尔泽维尔告知了我这部作品正将付印的消息,我应当写一份献词立即寄给他们。这个突如其来的惊喜让我意识到,是阁下在为重塑和传播我的名声费尽心血,是您将这些稿件分寄给不同的朋友才使得这部作品终于交付给出版商。他们已经出版了我的其他作品,现在想用这个精美的版本为我增光添彩。这部作品的价值一定会锦上添花,因为它的评价来自卓越的评论家

阁下，集万千美德于一身、受众人敬仰的您。为我的作品扩大知名度展现了您无与伦比的慷慨以及对公众利益的关切。对于以上种种恩情，我有责任以明确的语言感谢阁下的慷慨之恩，您的慷慨为我的声名插上了翅膀，并将其传播到比我想象更遥远的地方。因此，我必须将这份智慧结晶献给阁下。这么做是我的义务，不仅因为阁下对我恩重如山，而且，如果我可以这样说的话，也出自您为我抵御攻击、捍卫声誉的信念。

现在，依然在您的旗帜和保护之下，我真心地希望阁下的仁慈之心得到最伟大的福报。

您最忠实的仆人

伽利略

1638 年 3 月 6 日于阿切特里

First Day

第一天

一门关于固体抗断裂性能的新科学

对话者：

萨尔维亚蒂（Salviati，简称“萨尔”）

萨格雷多（Sagredo，简称“萨格”）

辛普利西奥（Simplicio，简称“辛普”）

萨尔：你们威尼斯人在著名的兵工厂里工作，尤其是有关机械的那部分工作向世人启发了一个广阔的研究领域：工匠们源源不断地打造工具和机械，其中必有不少人，一方面因为经验的累积，一方面因为自身勤于观察和思考，而变得非常资深和睿智。

萨格：你说得对。事实上，生性好奇的我也常常光顾那家兵工厂，完全是为了观察那些因表现优于其他工匠而被称为"上等人"的工作情况。与他们的探讨经常帮助我在研究一些深奥难懂甚至不可理喻的课题时茅塞顿开。有时我也会陷入困惑，并因无法解释自己观察到的事情而陷入绝望。我怀疑现实是否不那么简单，而自己是否像某些无知的人那样，为了不懂装懂故意把问题复杂化。

萨尔：你指的是那个家伙吧？我们曾问过他为什么相较于小船，在大船下水时，他们制造的支撑架和加固物从比例上来说要大得多。他的回答是，这样可以避免大船在水中因自身重量而坍塌，而小船就没这样的危险。

萨格：是的，我尤其要指出的是他的最后一句话，我一直认为这是一个错误的观点，即使已被大众所认同。也就是说，不能简单地从小到大去衡量这些和其他类似的机械，因为许多在小规格上完美运行的设备，一旦变成大规格就无法运作了。由于力学的基础是几何学，我看不出圆形、三角形、圆柱体、圆锥体和其他立体图形的性能如何随它们的大小而变化。我搞不懂，如果一台大型机器和一台小型机器在制造时零部件比例保持一致，而小机器的稳定强度可以符合设计的初衷，那为何较大的机器却可能无法承受严格的冲击试验呢？

萨尔：这种情况下的普遍认知是绝对错误的。一般来说，大型机械比小型机械制造得更完美。比如，大钟可以制造得比小表更精确。一些人认为，大型机械的性能下降可能是由于材料的缺陷造成的。我觉得材料的缺陷不足以解释我们观察到的大、小型机械之间的差异。即使材料本身完美无瑕、性能稳定不变、比例恰到好处，物体的自身结构也意味着大型机器并不那么坚固或耐用——机械的尺寸越大，就越脆弱。由于假设物质是不可变的且总是相同的，我们可以单纯地在数学层面上处理这个问题。因此，萨格雷多，包括许多其他研究力学的同学们，你们最好改变对于机器和结构抵抗外部冲击的性能的固有看法，按照你们所想的，只要它们用相同的材料制造，且保持零件之间的比例相同，就能够同等地，甚至与其尺寸成比例地抵抗这种外部冲击。我们可以用几何知识来证明，大型机械与小型机械相比，并不是成比例得坚固。也可以说，对于任何一种机械和结构，无论是人造的还是天然的，都存在一个艺术和自然无法突破的极限。当然，这里要明确的是：材料是相同的，比例也保持不变。

萨格：我感觉大脑陷入了一片混乱，但也许我已经领会到了其中的一些意涵。从你的话可以推断出，不可能建造两个材料相同、尺寸不同的相似结构，并使它们成比例的坚固；这样也意味着不可能找到两根由相同木材制成、不同尺寸，却具有相等比例和相同强度的木杆。

萨尔：就是这样。为了加深理解，我再给你举个例子。如果我们取一根具有一定厚度的木条，以直角加固在墙上，即与地面平行，长度达到其几乎无法支撑自重的临界值，哪怕再长一毫一厘它都会因自重而断裂，那么这根木条将是世界上独一无二的。所有比它长的都会折断，而所有比它短的都将足够坚固以支撑超过其自重的一点额外分量。而且我讲的关于支撑自重的性能也适用于解释其他机械结构。因此，假设某一根梁只能刚好承受 10 倍于它自身相等的重量，那么另一根与前者具有相同比例的梁不见得能支撑 10 倍于自身同等重量的梁。

请你们观察一下，那些乍看之下近乎不可能的事实如何褪去掩盖它们的面纱，而面纱之下的真理之美是何等纯粹、质朴。谁都知道一匹马从 3 臂或 4 臂高的地方摔下来会骨折，而一只狗从同样的高度摔下来，或者一只猫从 8 臂或 10 臂高的地方摔下来却依然活蹦乱跳。同样的，从塔上坠落的蚱蜢或从高高在上的月亮下落而来的蚂蚁同样也会毫发无伤。小孩从足以使他们父母摔断腿或头骨的高处坠落不也会安然无恙吗？正如体格较小的动物和大型动物，其体格成反比地更结实，也更健壮，小株的植物也能比大型植物直立得更稳当。相信你们两位都知道，一棵高达 200 臂的橡树支撑不住自身的树枝，既然自然界里无法诞生像 20 匹普通马那么大的巨马，也不可能存在身高是普通人 10 倍的巨人，除非真有奇迹发生或骨骼的比例发生巨变，使其畸形般地扩大了。同样，对于人工制造的机器而言，盲目以为大、小机器同等耐用是一个明显的错误认知。小的方尖石塔或柱子当然可以稳固站立，不用担心它们断裂；而超大规模的石头建筑在承受一点轻微的压力或者仅仅因为自身的重量就会支离破碎。

在这里，我必须讲一个值得警醒的案例，这个案例里发生的所有事件都与原本的期待背道而驰，画蛇添足般的预防措施导致了一场灾难。一根高耸的大理石柱子被横置，其两端分别放置在一段梁上。然后，一位自作聪明的技工为了避免石柱由于自重从中间断裂，想到了在中间位置增加第三个支撑的“明智之举”。众人对这个主意交口称赞，但结局却恰恰相反，因为没过几个月，人们就发现柱子在新的中部支撑上方出现了裂缝。

辛普：这个案例太神奇了，完全出乎意料！断裂居然是由在中间部位的新支撑物造成的。

萨尔：当然可以这么解释。但是当你了解了个中真相，惊讶一定会烟消云散。两根柱子被放在平地上的时候，有人发现其中一个端部的支撑物已经腐朽老化，但中间的支撑物仍然坚硬牢固，这使得一半的柱子毫无任何支撑地半悬于空中，自然而然地倒塌在其自重压力之下。在这种情况下，物体的表现与只靠两端支撑明显不同，只靠两端支撑的话，柱子的端部完全跟随已经朽化的支撑物下沉。但是这样的事故却不可能发生在一根同样石材砌成，厚度和长度之比相等的小规格的柱子上。

萨格：我对你讲的话没有异议，但我不明白为什么强度和抗力不能与材料数量成比例地增加。让我困惑的还有一件事，我注意到在其他情况下，力和抗断裂的阻力居然以比材料数量更大的比例进行增加。比如说有两枚钉子，一枚的重量是另一枚的2倍，如果将它们一起钉在墙上，重的钉子可以承受的重量不仅是另一枚的2倍，甚至能达到3倍或4倍。

萨尔：其实就是说8倍也不足为奇。这种现象尽管和前面的不太相同，但其实并不矛盾。

萨格：萨尔维亚蒂，你能不能解释得再清楚些？在我的想象中，这个抗力问题引发了一场充满吸引力且极具实用性的思考，如果你乐意把这个话题作为今天讨论的主题，我们将不胜感激。

萨尔：我想回顾一下我从我们院士那里学到的东西，他对这个问题有很多思考，而且按自己的习惯用数学和几何方法证明了一切，因此大可以将之称为一门新的科学。现在，我希望用证明来让你心服口服，而不是用猜测性的观点来忽悠你。我假设你已熟悉讨论中必会用到的力学知识。首先来思考当一块木头或任何其他牢固结合的固体被打破时会发生什么，这是我们必须建立的第一个原则。为了更清楚地理解这一点，请你们设想一个由木材或任何其他紧密结合的固体材料制成的圆柱体 AB。把上端 A 拴牢，使圆柱体垂直地悬挂起来，在下端 B 处系上重量 C。很明显，不管这个固体各部分之间的韧性和内聚力有多大，最终都会被重量 C 的拉力所克服，C 的重量可以无限地增加，直到固体像绳子一样断裂。绳子的强度由密密麻麻的麻线组成；至于木材的话，能观察到它的纤维是纵向的，这使它比相同厚度的麻绳要牢固得多；石头或金属圆柱体的内聚力似乎更大，将各部分固定在一起的凝聚物必然不同于纤维和细丝。即便这样，结合得再牢的材料也可以被强大的拉力所拉断。

辛普：如果事情真如你所说，我完全可以理解为木头的纤维和木头本身一样长，它本身就足够坚固，赋予木头的强度可以抵御想要拉断它的巨大力量。但是，100 臂长的绳子其实不过是用长度不超过 2 臂或 3 臂的麻纤维编织而成的，那么它如此大的强度又是从何而来的？另外，我很想听听你对金属、石头和其他没有显示出纤维结构的材料各部分是如何黏合成整体的看法，因为如果我没有弄错的话，它们表现出来的韧性更强。

萨尔：为了解决你提出的问题，就得将话题扯到与当前主题没什么联系的地方。

萨格：如果离题能帮助我们寻找到新的真理，岔开话题又有何妨？这样的机会可是转瞬即逝的。毕竟，我们的聚会没有时间的束缚，见面的目的也单纯是为了身心愉悦。我们往往引向另一个话题时，会发现一些比最初寻求的解答更有趣和更美妙的事物。我的好奇心不亚于辛普利西奥，我和他一样渴望了解将固体的细碎部分牢不可分地聚合在一起的究竟是什么东西。

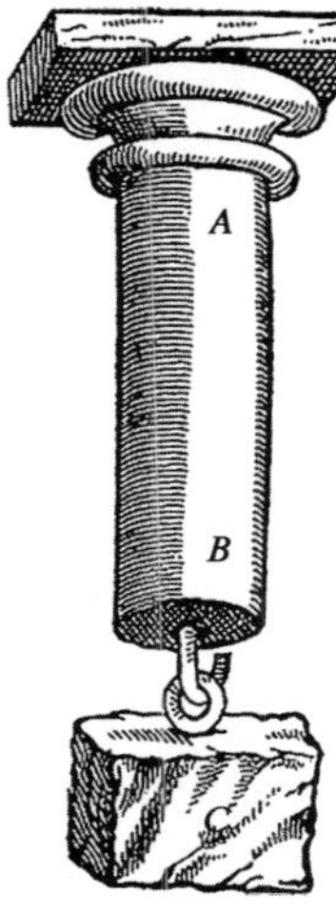

萨尔：应你们要求，那我就说说吧。第一个问题是：每根长度不超过 2 臂或 3 臂的纤维是由何种方式紧密结合在 100 臂长的绳子中，以至于得使上很大的劲才能将绳子拉断？辛普利西奥，你现在告诉我，如果你用手指紧紧夹住一缕麻纤维，而我从另一头往外拉，你能不能在纤维脱手之前就弄断它呢？你当然可以！而现在，当麻纤维不仅在两端被抓住，而且沿着整体长度被围绕它们的介质紧紧限制住时，把它们从限制物上扯下来不是比把拉断它们更难吗？但是绳索的情况有些不同，绳股是以扭曲的方式

A

B

彼此结合的，当绳索被大力拉伸时，纤维会断裂而不是相互分离。纤维在绳子断裂的地方非常之短，甚至不及 1 臂长度，感觉就像彼此滑脱造成的。

萨格：那就可以确认，有时绳索不是因为纵向拉力而断裂，而是因为过度扭曲。这是个相当有说服力的论点：绳股与绳股之间压得很紧，压在上头的纤维不允许压在下面的纤维有任何滑动和拉伸，哪怕是为避免断裂所必需的少许伸长。

萨尔：说得对。现在你看到一个问题是如何引发另一桩事实的了。我在一头用极大的拉力拉夹在你指间的线，它绝不轻易向我屈服，因为线已经被你指头的双重压力牢牢限制住：上指压着下指，下指抵着上指。如果只能保持其中一重压力，那毫无疑问，原来的抗力将只有一半幸存；但由于我们做不到只取其一，比如抬起上手指来取消其中一个压力但同时保留下指的压力。因此，借助一个新的装置来保持另一个压力就显得很有必要了，这个装置帮助把线压在手指上或其他倚靠的固体上，这么一来，想要把它拉开的拉力一出现，施加在线上的压力也会随着同一个拉力的增加而把它压制得越来越服帖。这样的装置可以通过将金属丝以螺旋形式缠绕在圆柱体上来实现。我来画个图解释得再清楚一些。

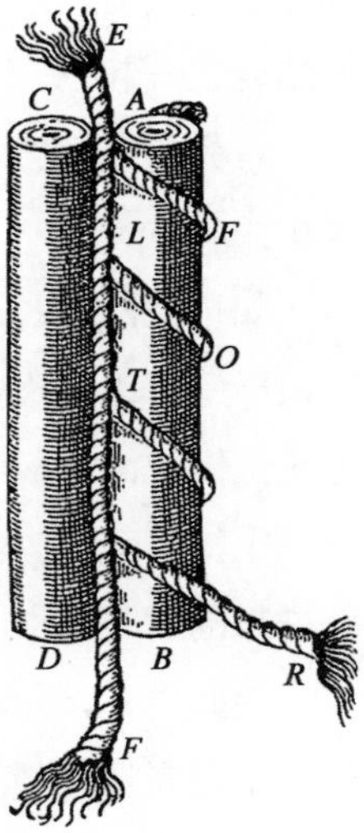

AB 和 CD 代表两个圆柱体，圆柱之间夹着一根细绳 EF。如果这两个圆柱被紧紧压在一块儿，当 F 端受到拉力时，拉出的那段绳索 EF 在从两个圆柱体滑脱之前无疑将承受可观的拉力。假如去掉其中一个圆柱，与另一个圆柱接触的绳子依然自由滑动，毫不受阻。要是让绳子松散地顶在圆柱 A 的顶部，并沿着 A 缠绕成螺旋线 $AFLOTR$，然后在 R 端拉动绳子，绳子会显而易见地开始捆绑圆柱；线圈的数量越多，绳子就会愈发牢固地压住圆柱。随着螺旋线圈不断递增，接触线变得更长，绳子对圆柱的依附也就越强，故而绳子对拉力的抵抗力就会越大。想想看，这不正是前面提到的粗麻绳抗力的例子嘛。它的纤维形成了成千上万个类似的线圈，这些螺旋线的效力大得惊人，区区几根短线就编织成了最坚固的绳索，我想称它们为“弹簧绳”。

萨格：你的话让我想起了两件以前无法理解的事情。第一件不可思议的事情是，在辘轳上绕两三圈绳子，一个瘦弱的男孩握着绳子的一端，不但能够把重物固定在适当的位置，还能在把绳子往回绕时将重物抬起来[1]。第二件事与我的一位年轻亲戚的巧思有关，他借助绳子从窗户上爬下来却不会勒伤手掌，而且第一次尝试就成功了。我画个草图以便于理解。

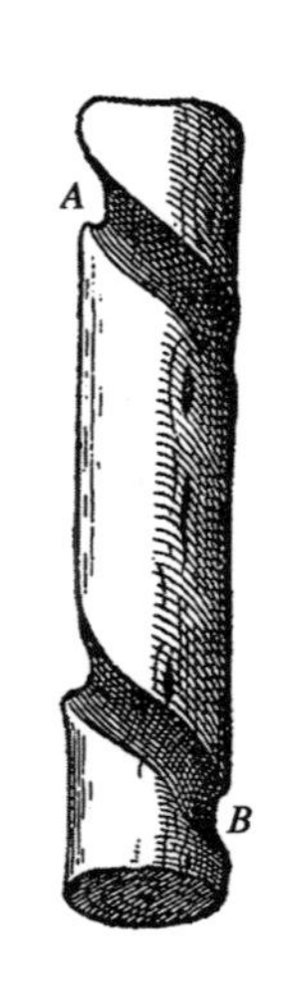

我的亲戚使用了一个粗细和手杖差不多的木质圆柱 AB，长度约为一拃(20 厘米左右)。他在这个圆柱体上刻了一个不超过一圈半的螺旋形凹槽，槽的宽度足够让绳子滑过。他从 A 端插入绳子，使其穿过凹槽后，从 B 端拉出。然后他用一个侧面装有铰链的锡管盖住圆柱和绳子，以便控制开合。他将顶部的绳索牢固地拴于一个安全支座上，然后用双手抓住管子，从而使身体吊起来。绳索和圆柱之间的摩擦力不会让他掉下去，他还能通过放松握力自行控制下降速度。

萨尔： 这真是一个天才般的发明！但是必须结合更深入的思考才能完全解释其中原理。但我不想岔开话题，你还等着听我关于其他材料抗断裂性能的观点呢，那些材料与绳索和大部分木材不同，它们不具有纤维结构。在我看来，这些固体的内部凝聚力有两种来源：一是大自然对真空的恐惧。然而，光有“真空恐惧”还不足于解释全部，还需要引入另一个理由，即存在一种凝聚物、胶体或黏性物质将构成固体的粒子紧密地结合在一起。

首先来说真空，我想通过一些合理的实验来确认真空能够产生什么样的力以及有多少力。

如果把两块经过仔细清洁和磨光处理的大理石板、金属板或玻璃板叠放在一起，一块板子可以毫不费力地在另一块板上滑动(这证明板子之间没有胶水黏合)。但是如果试图把两块板子分开，就会遭遇到阻力，因为当上面的板子抬起时，下面的板子会被往上拖，即使它本身又大又重。这个实验说明就算持续时间不长，自然界对真空是有排斥的，即“真空恐惧”。

除此之外，还能观察到另一种情形。如果两块板没有彻底清洁或磨光，它们的接触就不再光滑，因此当两块板子缓慢分离时，除了重力之外不会遇到任何阻力。但是，如果上面(未彻底清洁)的板子被快速抬起，情况会有所不同：下面的板子也将短暂升起，但会立刻回落，它只在短暂的时间里跟随上板升起，这一点点时间足以使未完全接触的两块板之间的空气膨胀，并钻进更多的空气。两块板子之间发生的分离阻抗也存

1　线圈发挥倍减效应，使辘轳的转动速度慢过绳索的拉力。

在于固体的各部分之间，正是真空让它们凝聚在一起。

萨格：容我阐述一下刚才脑海里一闪而过的念头：下板跟随上板飞快升起这一现象，可以说明真空里的运动不是瞬时的，从而反驳了包括亚里士多德在内的许多哲学家的观点。如果它是瞬间的，那么在从外部进来的空气填充空隙所需的片刻时间里，两块板会立刻毫无抵抗地分开[7]。下板追随上板的事情告诉我们，真空中的运动不是瞬时的，还能理解为两块板之间仍保留一个真空的空间，留待外部空气在极短时间内填充进来。这个空间必然是真空的，否则不需要流入空气去填补它。由此判断真空的撤退是迫于暴力运动，否则就违背自然规律了（尽管在我看来，除了压根不存在的事件外，没有任何事是违逆自然的）。

但是这里又出现了另一个难题：虽然实验证实了我的结论是正确的，但是我的理智告诉我，结果不能全然归结于上述原因。两块板子的分离先于真空发生。我确信，从时间乃至自然的角度来看，原因是结果的先导；并且如果结果是正面的，那么导致结果的原因给予的引导也必然是正向的。我不明白为何两块板的黏附性及其对分离的阻力归因于尚未产生的真空。根据亚里士多德无可辩驳的论点，不存在就不能产生任何结果[8]。

辛普：既然你搬出了亚里士多德的这条格言，那也不能否认他还有另一条绝妙可信的名言——大自然不会开始做力所不及的事情[9]。在我看来，这个公理或许可以打消你的疑问。自然排斥真空，必然也排斥真空产生的结果，因此它一定会阻止两块板分离。

萨格：我认可辛普利西奥所说的，他打消了我的部分疑惑。请允许我继续说下去，在我看来，这种对真空的抵抗应该足以将固体的各个部分（如石头或金属的部分）结合在一起，将它们结合在一起的结构比分离它们的力量更强大。一个结果只有一个原因，这也是我一贯的信念。那当一个结果归结为多个原因，而最后又只能追溯到一个原因时，为什么就不能用真空解释一切的阻抗呢？毕竟真空是真实存在的。

萨尔：其实我不想掺和这场关于真空能否能够将固体的不相交部分黏合在一起的讨论，但我告诉你们，用真空解释两块板情况的理由非常充分。但是真空不足以把大理石或金属圆柱的各部分间的黏合在一块儿，倘若这些固体直接遭遇猛烈的拉力，还是会面临粉身碎骨。当学会区分这种依赖于真空的已知抗力与其他类型的抗力时，我就顿悟了任何阻抗都有助于加强粒子的结合。如果“真空恐惧”这个已被证明的解释还不够让你们满意，那是否有必要引入另一个原因呢？辛普利西奥，你帮帮他，因为他已经在质疑答案了。

辛普：这个论证已经非常清晰且合乎逻辑了，萨格雷多的质疑明显出于别的原因。

萨格：辛普利西奥，我认为你说得对。我前面刚想到，既然每年100万黄金还不够西班牙支付士兵的军饷，势必要从地方大大小小的苛捐杂税里支出。萨尔维亚蒂，请继续说下去吧。假定我已认可你的推理，能否告诉我们如何区分是真空引起的原因还是其他原因呢？另外向我们展示为什么用真空排斥解释前面提到的效果还不够充分。

萨尔：我来说一下如何区分真空原因和其他原因，以及如何测量它的力。以此为目的，我们不妨来思考一种连续性的物质，它的各个组成部分应对分离的唯一阻抗来自真空，水就是这样的物质，这是我们院士在他某一篇论文里证明过的事实[10]。每当水柱承受外力并产生抵御各部件被分离的抗力时，除了“真空恐惧”找不到其他原因来解释这般抗力。

我想象了一个实验，可以用一张图来说明。

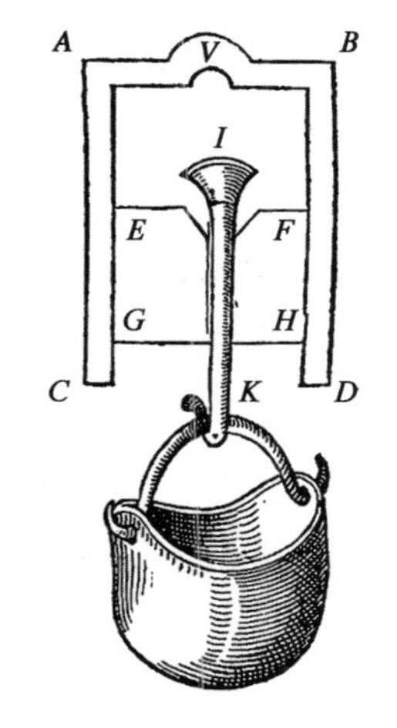

用 $CABD$ 代表一圆柱体的横截面，圆柱最好是玻璃材质的，金属材质的也可以。圆柱内部是空心的，而且车削精良，往柱体凹面里放入一根横截面用 $EGHF$ 表示的木制圆柱。这根木质圆柱必须能够上下移动，圆柱的中轴上钻有一孔，孔里穿过一根铁丝，铁丝的 K 端带一个钩。铁丝的另一端 I 扩大成圆锥体，确保木圆柱上开的孔在柱体顶部的表面依然是空心的，而且是圆锥体形状。当铁丝 IK 从钩端 K 往拉下时，柱体顶部的空心圆锥能够容纳它的圆锥端 I。

不能把位于圆柱体凹面 AD 中的木制插件（也称为活塞）$EGHF$ 完全推到底，而得与底部保持2～3指的距离，然后用水来填充这个空间，这样才能使空气从气缸中排出。把罐子倒过来使口朝下，然后将一个容器连接到挂钩 K 上。起初，真空恐惧会使活塞与汽缸紧贴在一起，但如果我们往罐子里装上沙子或其他有分量的材料。在某个时刻,活塞的上表面 EF 会从水的下部脱离,也就是说除了真空之外,没有其他东西将它们固定在一起。然后用活塞与水、电线、容器以及里面的东西一块儿称重,我们将测得真空的抗力。

现在我们取一个与刚才的圆柱体一样大的大理石或玻璃圆柱,并在其上悬挂一个重物,它的重量加上连同大理石或玻璃圆柱自身的重量等于前面提到的物体重量的总和。如果这种情况下产生断裂,那就能毫不迟疑地断言仅凭真空就足以使大理石或玻璃的各个部分保持连接。但是,如果这个重量不够,而且要让柱体断裂还得增加 4 倍的重量,那么我们就可以得出结论,真空仅贡献了五分之一的总抗力。

辛普: 不可否认这是一个非常精巧的发明,但我对个中难点有诸多疑问:虽然我们用麻絮或其他材料来保证密封性,但真的能确保玻璃和塞子之间肯定不进入空气吗?为了使圆锥体把孔严密封住,用蜡或树脂润滑可能还不够。另外,为什么水结构的各部分不能变稀疏或者移开?水、空气或其他散发性物质为什么不能穿透木材或玻璃本身的孔隙?

萨尔: 你非常巧妙地向我们提出了这些问题,并且在某种程度上为我们提供了空气渗透进木材或渗透到木材和玻璃之间的补救措施。但我必须指出:若真的发生你提出的这些问题,我们会第一时间察觉到。首先,如果水的组成部分发生了膨胀,即使让它受到压力,就像在空气的情况中那样,我们会看到活塞下降。如果在 EF 上挖一个图中所示的小坑 V,那么由于玻璃或木材的多孔性而可能进入的空气或其他较轻的材料将聚集在这个小坑里。但是,这些状况并没有发生,我们确定实验已经按部就班地进行了,并且很清楚水不会膨胀,玻璃也不会允许任何物质穿透它。

萨格: 你的讲解启发我找到了产生某一种效果的原因,我曾为一个充满智慧的装置而拍案叫绝。有一次我看到一个水箱,里面设置了一台泵用来收集水,它可以比普通的水桶更省力地取水,取水量也更大;水泵顶部装有吸水管和阀门,这样水就因为吸力而上升,不同于阀门放在底部的泵,那种情况下水是被推上去的。

只要水箱中的水达到一定高度,泵就会大量集水,但当水位降低超过一定水平时,泵就不再工作了。我第一次看到时以为是机械故障,还试图请一位机械工程师修理,他回复道毛病不在于泵本身,而在于水位,正是水位降得太低导致水提取不上来,泵或任何其他靠引力工作的机器都无计可施:无论泵的功率有多大,这些工具都无法将水提升到高于 18 臂的高度，哪怕高出一丝一毫也不可能[1]。

直到现在，我一直在思考，终于明白了从上端吊起来的绳子、木棍或铁棒可能会由于自身的重量而断裂。但我没有意识到绳子或水柱也会发生同样的情况。泵只不过是一个向上提拉的水缸，水柱延伸得越来越长，当到达某一界限时会像绳子一样因自重过量而断裂。

萨尔：事实确实如此。18 臂的高度对于任何抽水量都是极限高度，无论什么泵，是大还是小，甚至细如稻草。我们可以说，在这 18 臂高度中的水，不管其直径多少，都将获得与任意固体材料制作的、具有相同直径的柱体同等的真空抗力。

金属、石头、木材、玻璃等圆柱体很容易检测出究竟可以拉伸到多长而不会因其自身重量断裂。以任意长度和粗细的铜线为例，将其上端固定住，另一端附上越来越大且最终导致铜线断裂的负载。设这个最大负载为 50 磅。譬如说铜本身重 1/8 盎司，加上 50 磅的铜，拉成同样粗细的电线，就能得到这种线可以支撑自重的最大长度。假设断裂的铜线长度为 1 臂，重 1/8 盎司，那么由于它除了自重以外还能承受 50 磅，即 4 800 倍的 1/8 盎司，可得出任何重量的铜线能够支撑至多 4 801 臂的自身长度，且不能更长。因真空恐惧而产生的那部分断裂强度相当于一根长 18 臂、粗细与铜杆相同的水柱的重量。举例来说，如果铜比水重 9 倍，则任何铜杆因排斥真空产生的断裂强度就等于 2 臂长度的相同铜柱的重量(在相同的截面上，长度与比重成反比)。

使用类似的方法可以求得，支撑任何材料的线或杆支撑其自身重量的最大长度是多少，并可同时发现真空在其断裂强度中发挥的作用。

萨格：断裂强度除了真空阻力之外还取决于什么？把固体各部分聚集在一起的胶质或黏性物质是什么？这些问题依然有待思考：我无法想象哪一种胶水不会在高温炉子里经历了两三个月或十个、一百个月还不熔化。然而，如果金、银和玻璃在熔炉里长期保持熔融状态，取出冷却后它们的各部分依然会立即重新聚集起来，并像以前一样彼此紧密结合，玻璃和混凝土也是如此。究竟是什么让这些部分如此牢固地结合在一起呢?

1 伽利略对这一现象的解释有些过于天真，他的学生埃万杰利斯塔・托里拆利(Evangelista Torricelli，1608—1647)对此做了解释。提升水的不是泵，而是推动水的大气压力，这个压力相当于约 10.3 米(18 臂)高水柱的压力。

萨尔： 鉴于已有证据表明，除非施加无比巨大的力，否则真空恐惧会阻止两块石板分开，并且将大理石或青铜柱一分为二需要更猛烈的力气才行。我不明白，为什么这种对真空恐惧不能以相同的方式并成为较小部分之间甚至最小粒子之间紧密结合的原因。既然每种结果都有一个单一的、真实的、更强大的原因，如果无法找到另外一种凝聚物，为何不尝试考虑现成的因素，也就是真空呢？是否能把真空视作充分的原因？

辛普： 既然你已经证明，相比将小颗粒约束在一起的内聚力，真空对两个大块表面分离所贡献的抗力非常之小。你是否考虑去证实这两个原因是截然不同的呢？

萨尔： 萨格雷多已经对此做出了回答。他观察发给士兵的饷银是用税收搜集起来的许多小面额硬币组成的，而 100 万黄金都不足以支付整个军队的军饷。谁又知道这么多细微的真空在小粒子之间起不起作用呢？现在我要谈谈我的想法，不是把它作为一个绝对真理说给你们听，这个想法仅仅是一个阶段性的，尚未成熟且有待证实的思考。若有不感兴趣的部分也不用强打精神听，其余的部分你们可以自行判断。

我观察到火在金属的最小粒子中蔓延，最终将这些紧密结合的颗粒撕裂并分解。然而，即便这些颗粒分开许久，只要火熄灭，颗粒们依然会一如既往地、以极其坚韧的方式重新结合，对于黄金，其数量无任何损失，而其他金属的数量会略有减少。我认为这可能会发生，因为火粒子非常小。金属的细孔彼此紧密依附，即使是少量的空气或其他流体也无法从它们之间通过，而火粒子可以填充金属颗粒之间的微细空隙，并给使这些粒子摆脱防止它们分离的吸引力，获得自由。因此，只要火粒子留存其中，粒子们就能自由活动，它们的形态就转为流体，并借着火粒子一直保持下去。但是当火粒子离开并撤离原来的空隙时，原本的吸引力又回来了，各部分又重新结合在一起。针对辛普利西奥的观察，我的回答是：虽然这些细微真空单打独斗的作用微乎其微，但它们的数量是如此庞大，以至于联合抗力几乎是无限增加的。由不计其数的小的力相加所产生的力，其性质和大小可以通过以下事实清楚地说明：南风携带无数悬浮于薄雾上的水原子，在空气中移动并穿透到拉紧绳索的纤维之间，悬挂在巨缆上的数百万磅重的物体都可以被举起，尽管这些所悬重物的力量大到惊人。水原子们穿透绳索的狭小空隙，使绳索膨胀继而缩短，自然可以有提起重物的力量[1]。

1　大约是 1586 年在圣彼得广场竖立梵蒂冈方尖碑时，支撑纪念碑的绳索因被打湿而把纪念碑拉起，这是伽利略的时代人们耳熟能详的一个故事。

萨格：毫无疑问，任何抗力只要不是无穷大，都可被许多微小的力所克服。因此，成群结队的蚂蚁能够把满载粮食的船搬运上岸。日常经验告诉我们，一只蚂蚁搬走一粒谷子是轻而易举的，显然船上的谷物不会无限多，其数量必然限定在某个范围内。因此，如果抓到足够多的蚂蚁充当劳力，它们就会把粮食和船都搬到岸上。当然，这群蚂蚁的规模一定是极大的。依我之见，把金属微小粒子约束在一起的真空也是这种规模。

萨尔：即使这种情形下需要无限数量的粒子，你还会认为这是不可能的吗？

萨格：除非金属的量是无限的，要不然……

萨尔：要不然怎样呢？既然我们已经得到了一个悖论，不妨看看是否有办法证明在有限的连续扩展中找到无限数量的真空，同时，我们还将解答一个非比寻常的问题，亚里士多德曾在其《论机械》（*Questioni meccaniche*）中把这个问题形容为“绝妙”[1]的[11]。也许，我们即将给出的回答相较他的答案更为清晰明确，并且与博学的格瓦拉主教给出的犀利解答不同[12]。然而，首先需要考虑一个别人从未涉足的命题，刚才提到的问题答案恰好取决于这个命题，如果我没犯错的话，它将推导出其他重要的结果。我通过图示把思路解释得更明白一些。

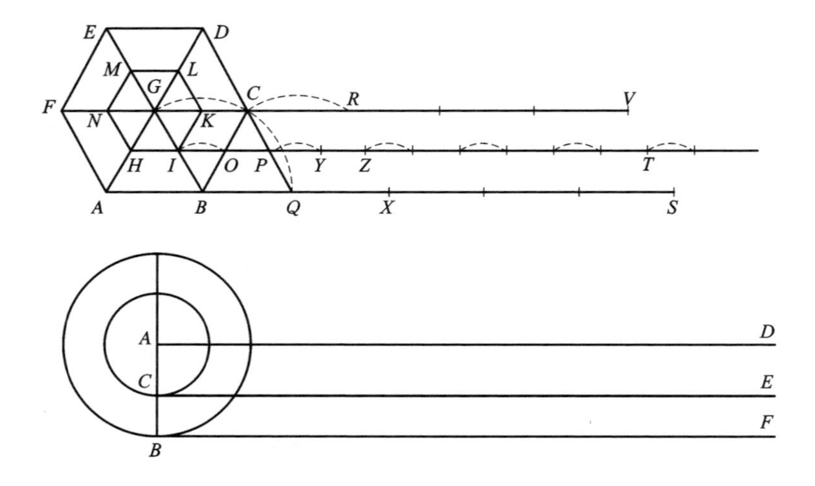

1　伽利略经常使用这个词表示“令人惊叹的效应”。

以点G为中心画一个等边和等角的正多边形，边可以是任意数量，如正六边形$ABCDEF$；以G为同一中心再画另一个类似但较小的正六边形，记为$HIKLMN$。我们将大六边形的边AB无限延伸到S，并以同样的方式将小六边形的对应边HI沿相同方向延伸，使得HT线平行于AS，并且通过中心画线GV与另外两条线平行。完成这一步后，想象较大的多边形带着较小的多边形在AS线上旋转。很明显，如果在AB边末端的B点在旋转伊始保持静止，则A点将上升，C点将沿着弧CQ下降直到边BC与直线BQ重合，此时BQ等于BC。但是在这个旋转过程中，较小多边形的点I将上升到直线IT上方，并且当点C到达位置Q后将返回到线IT。点I在线HT上方描述了弧IO，在到达位置O时边I就处于位置OP；但与此同时，中心G已经离开了线GV，并且在完成弧GC之前不会返回。之后，大多边形的边BC保持在线BQ上，小多边形的边IK与OP线重合，通过了完整的IO段但不接触它；同样，中心G在穿过平行线GV上方的所有路线后，也将到达位置C。最后，整个图形将呈现与原先相似的位置；这样，如果继续旋转并到达第二步，则大多边形CD的边将与QX段重合，而小多边形的边KL在滑过弧PY后将落在YZ上，而中心总是保持在线GV的上方，在跳过区间CR后将返回到点R。

经历了一圈完整的旋转后，大多边形将在线AS上方不间断地绘制六条线，线段加总与其周长相等；小多边形也将描过类似的相加等于周长的六条线段，但被插入的五段弧线隔开，这些弧线代表HT上未被多边形触及的部分；除了在6个点上，中心G永远不会与直线GV接触。由此很明显地看出，小多边形扫过的空间几乎等于大多边形覆盖的空间，即线段HT近似于线段AS，如果我们把线段HT理解为包含五段滑过的弧，这些线段仅有的差别在于这些弧的每一段对应的弦长。

前面所举的六边形的例子揭示和解释的事实也适用于所有其他多边形。不管它们有多少边，只要它们是相似的、同心的、连体的，当大多边形旋转时，较小的多边形也随之旋转。你们还必须了解，倘若把小多边形的边没有接触的区间也算入其扫过的空间的话，这两个多边形所绘制的线长近似相等。一个具有1 000条边的大多边形和随后的测量值，在完成一圈完整的旋转后，绘制出一条与其周长相等的线；同时，较小的多边形将通过由1 000个线段描出一条近似相等的线，每一段等于它的一个边长，但被1 000个空格所隔断。这些空格与正多边形的边相对应，我们可以称之为“空当”。至此，问题的困难和怀疑已不复存在了。

现在取任一中心A，画两个同心且刚性连接的圆，在半径上分别取点C和B绘制切线CE和BF，并通过点A绘制与两切线平行的线AD。请告诉我：如果大圆沿着

BF 线旋转一周，*BF* 不仅等于它的圆周长，还等于另两条线段 *CE* 和 *AD*，那么小圆做了什么，圆心又做了什么呢？圆心肯定会扫过并接触及整条 *AD* 线，而小圆的圆周将用它的接触点划分整条 *CE* 线，就像刚才提到的多边形一样。唯一的区别在于，直线 *HT* 并非在每个点都与小多边形的周边相接触，而是留有与重合边数量一样多的空当；但就圆形的情况而言，小圆的圆周永远不会与 *CE* 线分开，因此后者不会存在不被触及的部分。小圆若不是跳跃，怎么能越过比它的周长大得多的距离呢？

萨格：是不是可以这样解释：正如圆心仅作为一个单独的点，一直被大圆带动沿线 *AD* 转动并与之接触，那么小圆圆周上的点，被大圆带动旋转的过程中也可能在 *CE* 线的某些小段上滑过。

萨尔：这样解释是不对的，原因有二。首先，没有任何理由可以解释为什么某些接触点，如点 *C*，在某些段而不是在其他段接触 *CE* 线。其次，如果这种沿 *CE* 的滑动真的发生，它们在数目上将是无限的，因为接触点（正是因为它们是点）的数量是无限的。因此，无限数量的有限滑动将形成一条无限长的线，而 *CE* 线不是。另一个原因是，当较大的圆在旋转过程中不断改变其接触点时，较小的圆也必然如此，因为 *B* 是唯一一个可以与 *A* 连成直线并通过 *C* 的点。因此，当大圆改变接触点时，小圆也随之改变，所以小圆上任意一点与其直线 *CE* 的接触点都不会超过一个。除此之外，即使在多边形的旋转情形中，小多边形的周边上的任意一点与该周边滚过的线上不会有多于一个点的重合；如果你记得下述事实就立刻能明白了。线 *IK* 平行于 *BC*，因而 *IK* 将保持在 *IP* 上方直到 *BC* 与 *BQ* 重合，并且 *IK* 不会落在 *OP* 上，除非恰好 *BC* 在同一时刻占据位置 *BQ*。在这一瞬之间，整条线 *IK* 与 *OP* 重合，随后立刻升到它的上方。

萨格：这个问题真的很复杂，我完全摸不着头脑。请再进一步解释一下吧。

萨尔：我们回过头去考虑前面提到的多边形以及已经弄明白的事情吧。对于 10 万边的多边形，如果把交错分布的 10 万个空当也计入在内，大多边形的 10 万条边滑过的线长约等于小多边形的 10 万条边滑过的距离。至于圆的情况，可把它视作具有无限条边的多边形，连续分布在大圆上的无限多条边所滚过的线长等于小圆的无限多条边所滑过的路径，只不过后者与空当交替出现；并且由于边不是有限的，而是无限的，所以空当也不是有限的，而是无限的。因此，大圆经过的线由充满这条线的无限数量的点组成，而小圆的圆周所描绘的路径也由无限多个点构成，只不过这些点留下空当仅能部分填充这条线。在将一条线分割成有限数量的部分之后，若不插入很多空当，绝不可能将它们重新排列成比它们连接时所占据的更大的长度。但是，如果考虑将这条线被分成无数个无限小且不可分割的部分，则可以通过插入无限多不可分割且无限小的空当来设想这条线无限延长。

现在所说的关于简单线条的观点在表面和固体的情况下也必定是正确的，假设它们是由无限多的、非有限数量的原子组成的。这样一个物体一旦被分成有限数量的部分，就不可能重新组装得比原先占据的空间更大，除非插入有限数量的空当，即不含固体组成物质的空隙。但是，如果我们想象一个由无限数量的基本元素组成的物体，那么我们将能够认为它们在空间中无限延伸，并插入了无限数量的空当。所以假设黄金是由无限数量的基本部分组成的，人们可以很容易地想象一个金球引入了无限数量的空当，扩展成一个巨大无比的空间。

辛普：在我看来，你正在朝着由德谟克利特(Democrito)鼓吹的虚空理论前进。

萨尔：但是你没有加上定语"违背神的旨意的"，这是我们院士的反对者发表的无能的谬论[1]。

辛普：我注意了到这个邪恶的反对派的怨恨，也为之愤慨，但我不触及这种论点的原因除了自身教养以外，还因为我知道这些论点与你温和、有条理的头脑是多么格格不入，你的头脑不但对宗教虔诚，甚至是纯洁、神圣的。回到我们的话题，你之前的解释里有不少难点，我不知该如何理解。首先，如果两个圆的周长等于两条线 CE、BF，后者被认为是一个连续统一体，并且第一条 CE 被无穷多个空点中断，那么从中心画出的、由无数个点组成的直线 AD 是如何定义为这个点的中心的？此外，将线分解为点，将可分拆解成不可分，将有限分解为无限，对于我是难以逾越的障碍，并且不得不承认

1 他指的可能是耶稣会士奥拉齐奥·格拉西(Orazio Grassi，1583—1654)。格拉西针对伽利略写的一篇文章《天文作品 第三卷》(佛罗伦萨出版社，佛罗伦萨，1843 年)，化名 Lotharius Sarsius(Horatius Grassius 的部分变体)发表论文《天秤座》(1619 年)，反对彗星是由被太阳加热后会发光的蒸汽组成的这一观点。伽利略又以 1623 年的作品《试金者》("试金者"是一种与普通天平大不同的精密天平)对《天秤座》做出驳斥，他在作品中重申了自己的理论，还暗示自己支持原子，并谈到了光的团状性质。伽利略甚至在教廷圈子里也受到了极大的欢迎。据说格拉西因愤怒和嫉妒，在宗教裁判所法庭上对伽利略提出了匿名指控，声称伽利略的原子论违背神的旨意。

被亚里士多德明确驳斥的虚空，也呈现出同样的困难。

萨尔：确实有困难，但请记住，我们谈论的是无限和不可分割的东西，是人类的智力无法企及的话题，前者是因为它们的伟大，后者是因为它们的渺小。由此我们看到，人类的话语不能免于面对它们；因此，我仍然冒昧地想要幻想一些肯定不是结论性的想法，但至少是新颖的，故而引人入胜。但这样的话，我们会偏离了最初的话题，我担心谈论这些想法不太合适，或者不受你们欢迎。

萨格：我们很高兴地享受与在世者和朋友们探讨的好处和权力，友人之间的谈话可以自由选择话题，看似无聊的事情也能大胆畅谈。死读古书只会产生成百上千的疑问，却不见任何解决办法。请与我们分享你推理过程中的千头万绪吧，我们有的是时间，也没有必须要去做的事情。请你继续解释这些涌现出来的问题吧，特别是辛普利西奥提出的那些不容忽视的质疑。

萨尔：那就从第一个问题开始，也就是如何理解一个点等于一条线。既然暂时没有其他办法，我只能尝试用着一个类似的或更夸张的疑问来平息或至少减轻另一个疑问，就像有时用一个奇迹去稀释另一个奇迹一样。假设有两个面积相等的表面，以它们为基地放上两个体积相等的物体，我将向你们证明，这些表面和这些物体持续地等量减少，留下的空间总是相等的，直到一个固体和一个表面成为一条很长的线，而另一个固体和另一个表面成为一个点；换句话说，后者成为一个点，而前者成为无限的点。

萨格：这个概念太神奇了，我们等着听你的解释和证明呢。

萨尔：我需要画图来说明。

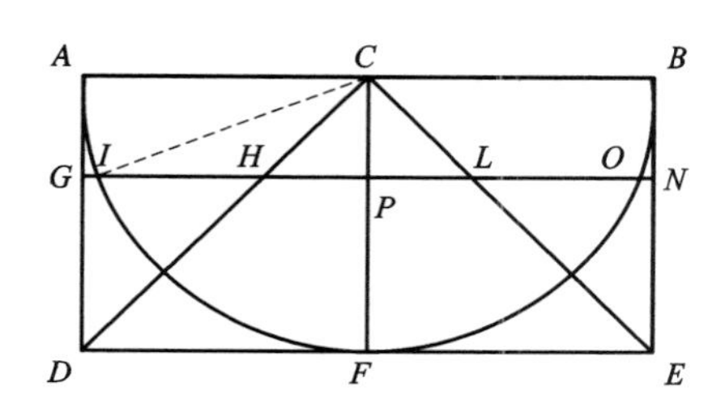

设 AFB 是一个中心为 C 的半圆，围绕它画一个矩形 $ADEB$。从圆心出发，引直线 CD 和 CE 分别到点 D 和 E。设想半径 CF 与 AB 和 DE 垂直，以 CF 为旋转轴旋转整个图形。很明显，矩形 $ADEB$ 是圆柱体的截面，半圆 AFB 是半球形，而三角形 CDE 是圆锥体。想象一下，去掉半球形，留下圆锥体和圆柱体的剩余部分形似于一个碗。首先，我们将证明碗和圆锥体具有相同的体积。接着证明，切

割一个平行于碗底的平面(如包含 GN 线并与碗相交于 G、I、O、N 点,与圆锥体相交于 H、L 点的平面),则由 CHL 表示的圆锥体部分的体积总是等于由三角形 GAI 和 BON 表示的碗的部分的体积。还将证明,圆锥体底部的表面,即直径为 HL 的圆的面积等于构成这部分碗底的圆形表面的面积,或者我们可以说,等于一条宽度为 $|GI|$ 的带状物。请注意,这些数学定义仅仅用来取名,如果你们懒得费力使用冗长的术语,完全可以按自己意愿引入缩略语。其实也可以把碗的固体切割部分称为"圆形剃刀",其底座称为"环形带子"。

结论堪称一个奇迹:当切割平面接近直线 AB 时,切出的固体部分的体积总是相等的,其底面的面积也是相等的。而当切割平面接近顶部时,两个固体(体积总是相等的)以及它们的底部(面积总是相等的)趋于消失,但在第一种情况下退化为一个圆的圆周,即碗的顶部边缘;而在第二种情况下退化为一个点,即锥体的顶点。随着这些固体逐渐缩小,它们始终维持彼此之间的平等关系,直至尾声。我们完全有理由说,它们在这一缩小过程的极限和终点仍然是平等的,而不是一个无限大于另一个。所以大圆的周长就可视作等同于一个点。对于固体成立的事实也适用于构成它们底部的表面,因为这些表面也在不断缩小的进程中保持彼此间的平等关系直至最终消失,一个变为圆周,另一个变成一个点。那么我们是不是应该承认它们是相等的,因为它们是一系列大小相等的元素中的最后的痕迹和残余?值得注意的是,即使这些容器无比巨大,大到可以容纳天体半球,碗的上边缘和圆锥体的顶点也将始终保持不变直到最后消失,一个在天体轨道的最大尺度的圆,后者位于一个点。因此,与前面所说的相类比,我们可以说,所有圆周,无论看上去区别有多大,它们在本质上都是彼此相等的,而且都等于一个单独的点[13]。

萨格: 这番论证在我看来是天才般的证明,纵使有能力反对我也甘愿放弃,破坏如此美丽的建筑并通过一些修正来践踏它就仿佛一种亵渎。但是为了让我们彻底心服口服,请再演示一个证明吧。鉴于这个结果的哲学论证是这么的精妙,我相信数学证明也会毫不逊色。

萨尔: 记半径 $|CP|$ 为 r,则圆锥(圆)底面积 AC 为

$$AC = \pi r^2$$

碗底"环形带子"的面积为

$$A_S=\pi(|PG|^2-|PI|^2)$$

即以$|PG|$和$|PI|$为半径的两个圆的面积之差，但由于$|PG|=|CI|$且$(|CI|^2-|PI|^2)=|CP|^2=r^2$，得到

$$A_S=(|PG|^2-|PI|^2)=\pi r^2=A_C$$

如上所证。由于半径为r的圆锥体和相应的“圆形剃刀”是由相等的表面（0和r之间的通用平面的截面）组成的，而且具有相同的高度，故它们的体积也相等[14]。

萨格： 无论是证明还是由此结果引发的思考，一切都太巧妙了！现在让我们听听你对辛普利西奥的疑虑的解释吧。

如果无限与不可分割对于我们而言都是不可理解的，不妨试想当这两个概念放在一起会是何番景象？要是想用不可分割的点组成一条线，它们必须是无限的，所以在这种情况下，我们应该同时理解无限和不可分割。关于这个问题我想了很多，很多事情在我脑海中闪现而过。其中很多事情，也许是最重要的事情，可能不会浮现于脑海，但在推理中可能会突然涌现。当我面对你的异议，尤其是辛普利西奥的反对意见和提出的疑问，原本在我想象中沉睡的东西苏醒了过来。让我们继续自由自在地思考，尽情发挥人类的奇思妙想，但是请牢记，神学教义是面对争议的唯一仲裁者，它可以引导我们在迷宫般晦涩深奥的思想道路上前行[1]。

那些反对连续统是由不可分割的东西组成的人率先提出异议，把一个不可分割的量加到另一个不可分割的量上不会产生一个可分割的量，一旦产生，不可分就成了可分割。其实，两个不可分割的量，如两个点，一旦结合在一起就会形成一个非零的量，这将是一条可分割的线，而由3、5、7或其他用奇数表示的量组成的线更是如此。把这样得到的线分成两个相等的部分，于是不可分割的变成了可分割，切点精确位于线的中点。不光2个、10个、100个，甚至1 000个不可分割的量都不能构成一个可分割的量，但是无限多的不可分割的量可以做到这一点。

辛普： 此时此刻，我面临一个看似无解的问题：既然一条线可以长于另一条线，而

1 伽利略关于一条线可由不可分割的部分组成的想法采取了非常谨慎的态度，这个观点来源于伊壁鸠鲁（Epicurus）的学说，但遭到亚里士多德的强烈反对，在1415年被康斯坦茨议会谴责为异端邪说。牛津大学的神学家和讲师约翰·怀克里夫（John Wyclif，1331—1384）的尸体于1428年被挖出并烧毁，作为对他倡导这一学说和其他伊壁鸠鲁学说的惩罚。

每一条线都包含无限多的点，那么就得承认，在同一条线内部包含着大于无限的东西，因为长线的无限个点要比短线的无限个点多。那就意味着给一个无限的量赋予一个大于无限的值，这个概念超出了我理解的范畴。

萨尔： 当我们试图用有限的头脑谈论无限，还要给无限强加属于有限和确定事物的属性时，就会出现这些困难。但这种想法是错误的，因为我们不能把无限量说得好像它们比其他量大、小或是相等。我想出了一个论点来加以证明，为了表述得更清楚些，我会采用问题的形式，向提出这个困惑的辛普利西奥发问。你们应该知道哪些数（整数）是平方数，哪些不是吧？

辛普： 我知道平方数是一个数乘以它自身的结果，如 4 和 9 都是平方数，因为它们分别是由 2 和 3 与自身相乘的积。

萨尔： 很好，而且你们还知道，正如乘积称为平方一样，乘积的因数被称为边或根；而另一方面，不是由整数乘以自身产生的整数不是平方数。因此，如果我声称所有的整数，包括平方数和非平方数，比纯粹的平方数要多，这样的论断正确吗？

辛普： 这一点毋庸置疑。

萨尔： 如果我进一步提问，平方数有没有一个准确的数量，有多少个呢？答案是有多少个根就有多少个平方数。只要每个平方数对应自己的根，每个根对应自身的平方数，那么每个平方数不能有超过一个的根，每个根也无法有超过一个的平方数。

辛普： 确实如此！

萨尔： 但是如果我要问究竟有多少个根，自然不能否认有多少数字就有多少根，因为每个数字都是某个平方数的根，故平方数与所有数字一样多，因为平方数和它们的根数量相等，即所有数字都是根。一开始我们声称数字比平方数多得多，是因为大部分数字并非平方数。不仅如此，当我们数到更大的数字时，平方数的数量会成比例地减少；如果数到 100，就有 10 个平方数，换句话说，平方数占全部数字的十分之一。当数到 10 000 时，只能发现百分之一的平方数，数到 100 万时，平方数则仅占千分之一。

另一方面，在无限个数中，如果可以这么设想的话，应该承认平方数与所有数一样多的事实。

萨格： 这样推导出的结论是什么呢？

萨尔： 我们只能推导出数是无限多的，平方数是无限多的，它们的根也是无限多的。平方数的数目既不比全体数的量少，也不比全体数的量多。最后，“相等”“大于”和“小于”的属性不能赋予无限量，而仅对有限量适用。因此，当辛普利西奥引入了更多不同长度的线，并问我较长的线怎么可能不比较短的一条包含更多的点时，我的回答是：不能定义一条线的点比另一条线的点多、少或相等，而应承认任何线都有无数多个点。如果我回答说一条线上的点的数目与平方数一样多；在一条更长的线上，点的数目与所有数字一样多；而在一条较短的线上，点的数量与立方数的数量一样多。如果必须在一条线上设置比另一条线更多的点，还要保持两者的点都无限多才能使他满足的话，我还真办不到。

这只是第一道难关。

萨格： 稍等片刻，容我插一句嘴，我脑海中对刚才的话题有一个一闪而过的想法。如果到目前为止我们所说的都是正确的话，那么似乎不可能说一个无限数大于另一个无限数，也不能说它大于一个有限数，因为如果无限数大于一个较大的有限数，如大于100万，那么从100万出发，一路经过越来越大的数字，最后趋于无穷大。但事实恰恰相反：数字越大，与无穷大的距离就越远，因为数字越大，它所包含的平方数相对就越少，而在无穷大中，平方数的数目不会小于所有的数的总量，这是我们刚才都同意的观点。

于是，愈是朝着越来越大的数字前进，就愈远离无穷大。

萨尔： 因此，从这个巧妙的论点可以总结出：“大于”“小于”和“相等”的属性不能用来将无限量与其他无限量进行比较，甚至无法用于比较无限量与其他有限量。

现在我想换一个思路。由于每条线及其延伸部分都是可以分割的，而这些部分又是无限可分的，所以我不明白为何就不能断言这些线是由无限个不可分割的量构成的，因为可以分割的部分是无限延展的，否则子分割就将结束。既然这些部分的数量无穷多，自然可以得出结论：它们没有有限的尺寸，因为无限数量的有限量将对应无限的大小。所以一个连续的量是由无限个不可分割的部分组成的。

辛普：但是如果可以无限次地分割为可以量化的部分，还有必要引入不可量化的部分吗？

萨尔：无止境的分割意味着无限的部分是不可量化的。回到重点，我来问问你：你认为连续统的可量化部分的数量是有限的还是无限的呢？

辛普：我的回答是它们的数量既是无限的，又是有限的：潜在的是无限的，而实际上是有限的。在分割之前是潜在无限的，在分割之后实际上是有限的。因此，这些部分在分割之前或至少标记之前是没有探讨意义的，它们仅仅潜在地存在着。

萨尔：所以，假设有一条长 20 拃的线，必须煞有其事地分成 20 等份之后，才能说这条线包含 20 条一拃长的线段吗？套用你的观点，在分割之前，20 等份只存在于潜在之中。你说说看：一旦真的分割了，线的总长度是增加还是减少，抑或是保持不变？

辛普：既不增加也不减少。

萨尔：我也这么认为。因此，连续统的各个部分，无论是实际的还是潜在的，都不会使其量增加或减少：但我也明白，如果整体中包含的可量化部分数量无限多，它们就会使总量无限多。因此，有限部分的数量，虽然它只是潜在地存在，但除非包含的量是无限的，否则它不可能是无限的，反之亦然，如果量是有限的，它就不能在现实中甚至潜在地包含无限数量的有限部分。

萨格：那么怎么可能无限制地把一个连续量分割成本身永远可以再分割的部分呢？

萨尔：似乎存在一种可能使得“实际的”要素和“潜在的”要素之间的区别显得不那么费解，且看上去别无他法。但我会尝试以另一种方式更妥善地梳理这些疑问；至于有限连续统的部分是有限还是无限的问题，我的观点与辛普利西奥相反，也就是说它们既不是有限的也不是无限的。

辛普: 我想破脑袋也得不出这样的答案,照我的观点,有限和无限之间不存在灰色地带,因此有限和无限之间的划分是不完整的或有缺陷的。

萨尔: 在我看来是这样的。如果我们谈论离散量,我认为在有限量和无限量之间存在一个对应每个指定数的中间项。因此,当问及连续统的部分是有限的还是无限的时,最好的答案是不是它们既不是有限的也不是无限的,而是对应于每一个指定的数字。为了使这种情况成为可能,这些部分不能包含在有限的数量中,因为它们不能对应于一个较大的数;它们在数量上也不能是无限的,因为指定的数不可能是无限的。根据提问者的要求,我们可以将任何一条线分成 100、1 000、10 万个有限部分,或者任意一个他喜欢的份数,只要不是无限份数。因此,我同意哲学家们的看法,连续统包含了他们愿意的任意多个有限部分。而且我也甘愿再退一步承认这种包含关系可以是实际的,也可以是潜在的,随他们乐意。但我还必须补充一点:正如一条 10 拓长的线段包含 10 条 1 拓长的线段,或者 40 条 1 臂长的线段,抑或 80 条半臂长的线段一样,它包含的点的数量是无限多的——如你所愿,称之为实际的或潜在的。对于其他细节,辛普利西奥,我赞同你的意见和判断。

辛普: 对于你的解说我除了崇敬找不到别的词了,但我担心一条线包含的点和有限部分之间的关系无法那么完美地对应,并且要把给定线段分成无数个点也不像哲学家把它分成 10 拓或 40 臂那样容易。更何况,而且这种分割真要实际操作起来是完全不可能的,所以这仍然是一种可以实现的,但无法成真的潜在事物。

萨尔: 对于可行的事物,只要花费足够多的精力或者投入大量的时间,是可以真正实现的,虽然费力但不意味着无望。将一条线分成 1 000 段或者较少的 937 份,或任何其他很大的素数份绝非易事。但是,如果我完成了这个你认为不可能实现的分割,就像你和其他人把这条线分成 40 份那么容易,那么你是否更愿意在我们的讨论中承认分割是可以实现的呢?

辛普: 我真的很欣赏你处理论题的方式,有时夹带着很大的讽刺意味。对于你的问题,我的回答是,只要证明把它分成点并不比把它分成 1 000 份更费力,我必会更加心服口服地承认它可以实现。

萨尔： 现在我想说一些可能会让你们目瞪口呆的事情，关于按照将一条线分成无限个点的可能性问题，如果遵循把线分割为 40 段、60 段或 100 段的相同程序，即通过连续地把线分割成 2 份、4 份等来试图分成无限多个点，那就大错特错了，因为如果这个过程无止境地进行下去，仍然会保留一些没有分割的有限部分。事实上，用这样的方法离不可分割的目标太遥远了，甚至可以说与目标背道而驰，虽然人们相信通过持续地分割和增加分割部分数量可以接近无穷大，但我认为这样只会渐行渐远。

在先前的讨论中，我们总结出在无限个数中平方数和立方数与自然数一样多，因为平方数和立方数与它们的根一样多，并且每个数字都是一个根。我们已经看到，取的数字越多，平方数(1、4、9、16、25、36、49…)分布愈稀，而立方数(1、8、27、64…)的分布就更稀了。所以很明显，我们取的数字越多，离无限的数字就越远。由此可以追溯到前面的问题，经过的数字越多就离无限数的目标退得越来越远。如果有一个数字可以是无限的，那就是数字 1。这个单位数享有和无限数一致的条件和要求：它本身包含的平方数和立方数与所有自然数包含的一样多。

辛普： 我不太能领会这个意思。

萨尔： 这个结论没什么好怀疑的。因为数字 1 是一个平方数(1 的平方)，是一个立方数(1 的立方)，也是一个四次方数(1 的四次方)。不存在任何平方数或立方数具有而单位数 1 缺乏的特殊属性。例如，两个平方数满足的一个属性是它们之间存在一个比例中项[1]。取任一平方数作为第一项，第二项取数字 1，你总能得到一个比例中项。我们取 9 和 4 作为平方数，则 3 是在 9 和 1 之间的比例中项，而 4 和 1 之间的比例中项是 2，9 和 4 之间的比例中项则是 6。立方数特殊在它们之间有两个比例中项。取 8 和 27，其间有比例中项 12 和 18，而 1 和 8 之间的比例中项是 2 和 4，1 和 27 间的比例中项则为 3 和 9。因此可以得出结论，除了单位数 1 之外没有其他无限数。这个奇妙的事实超乎想象，势必引起我们反思，用讨论有限的相同方法和推理来讨论无限是错得多么离谱。有限与无限没有联系，因此有必要引入新的论据来讨论无限本身。

关于这个论题，我想叙述一个脑海中刚浮现出的、值得注意的事实，它解释了从有限量到无限量的本质上的实质性差异。

取一任意长度的直线段 AB，在它上面标记点 C 以将它分成不等的两部分，接着分

1　比例中项的表述等同于几何平均数。

别以 A 和 B 为端点画一对线段，使它们的长度之比等于 AC 和 BC 长度之比，并且连接起来。这些线段的交点都落在同一圆周上。例如，由 A 和 B 画出的 AL 和 BL 在点 L 相交，其长度比与 AC 与 BC 之间长度比例相同，并 AF 点 L、K、I、H、G、F、E 都落在同一圆周之上。

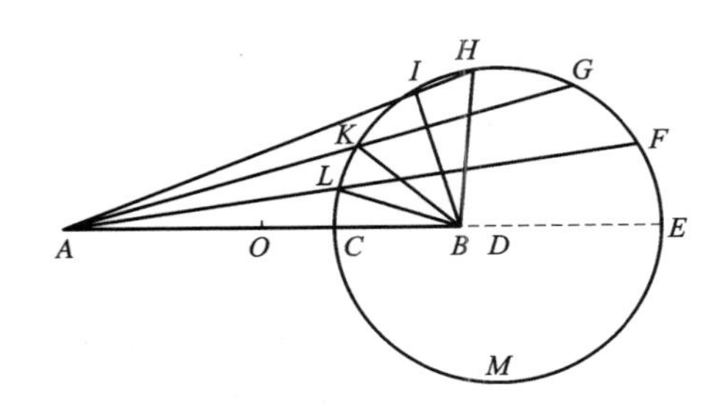

所以如果我们想象点 C 按照既定的长度比例持续移动，点 C 将描绘出一个圆周。随着点 C 越来越接近线段 AB 的中点(记中点为 O)，其描绘的圆周也将无限增大，而随着点 C 愈发接近点 B，圆周的尺寸则不断缩小。如果运动如上所述，位于线段 OB 上的无限个点可以描绘出任意大小的圆(圆的构成参照方才描述的定律)：小到如同跳蚤眼睛的瞳孔，大到相当于天球的赤道。

现在，观察包含在线段 OB 中的点描述的所有圆周，会发现那些靠近点 O 的点描绘出极其庞大的圆。想象以相同的规则移动点 O，即从点 O 到两个端点 A 和 B 画一对线段，并与 AO 对 OB 保持相同的长度比，它将绘制出怎样的线呢？可以画出的圆周长度超过所有其他圆，因而是一个无限大的圆，它是一条垂直于 BA 的直线，从点 O 出发，一直延伸到无限远，起点和终点永不相交。因此，它画出的圆是所有圆中最大的，因为出发的圆周线永不回归起点，一条无限延伸的直线就是它无限大的圆周。

若将水平线段 AB 的长度设为 $2L$，称(0,0)为中心点 O 的坐标，记距离 $|CO|$ 为 d，用方程描述所得到点的几何轨迹：

$$\frac{x^2+2xL+L^2+y^2}{x^2-2xL+L^2+y^2}=\left(\frac{L+d}{L-d}\right)^2\equiv 1+\delta$$

如果 $d>0$，则 δ 是一个适当的正数。因此得出：

$$4xL-\delta(x^2-2xL+L^2+y^2)=0$$

其中 $\delta\geqslant 0$，如果 $\delta\neq 0$ 对应于圆周：

$$x^2-\frac{2L(\delta+2)}{\delta}x+y^2+L^2=0$$

该圆周拥有坐标中心 $[x_c=L(\delta+2)/\delta,\ y_c=0]$ 和半径 R，其中 $R^2=x_c^2-L^2$，而如果 $\delta=0$ 对应直线 $x=0$，即对应纵坐标轴。

现在思考一下，从一个有限的圆过渡到一个无限的圆时会经历多大的巨变：它的性质改变了，不仅丢掉了圆的本质，还失去了作为一个圆而存在的可能性。事实上，我们知道无限大的圆是不存在的，更不可能有无限大的球体或其他无限大的物体或图形。那么从有限过渡到无限又是怎么一回事呢？为什么此时，相较于探索单位数的无限时，我们产生了更大的抵触呢？如果我们将固体分解成许多部分，继而再绞成非常细的粉末，直至得到无限小的不可再分的原子，为什么不能说这种固体已经分解成一个单一的连续统，也许是一种如水或水银般的流体，甚至是一种液态金属？难道我们没有看到，石头会熔融成玻璃，而玻璃本身在强热下也会变得比水更具流动性？

萨格：那么，我们是否要相信流体之所以如此，是因为它们被分成了无限小且不可分割的成分呢？

萨尔：对于某些现象我无法找到更好的解释，这个现象就是其中之一。取一个坚硬的物体，无论是石头还是金属，用很薄的金属或锉刀把它碾成极其细腻、难以摸到的粉末。虽然这些过于细微的颗粒就个体而言看不见也摸不着，但是，它们具备限定的尺寸和形状，并且可以计数，堆积在一起就能相互支撑成堆。如果在粒子堆上挖个洞，洞会保留下来，它周围的颗粒不会急着去填补空洞。如果这些粒子被搅动和摇晃，外部干扰去除后它们就会立刻停下来。相同的效果也会出现在更大体积、任何形状的粒子堆上，即便球形的粒子堆积也是如此，就像小米、谷物、铅球和任何其他材料叠成的堆。

但是，如果我们企图在水中找到这些特性，必会无功而返。因为一旦把水堆起来，它会立即变平坦，除非有花瓶或其他容器支撑；在水里挖个空，它会立即流动起来填补空洞；如果受到扰动，水会长时间地波动起伏，将它的波传送到很远的距离。由此看来，我可以非常理直气壮地说，水分解而成的最小粒子（因为它的稳固性低于任何其他非常细的灰尘，确切地说水一点都不稳固）与固体物质包含的微小且不可分割的粒子大为不同。除却它们是不可分割的这一事实外，我无法找到任何其他原因来解释其巨大差异。水的异常透明也是这个观点的支撑因素：当一块透明度最高的水晶被压碎和研磨成粉时，它就不再透明了。粉末磨得愈细，透明度就越低，而水是始终透明的。

酸可以把金和银研磨成极细的粉末，比任何锉刀都磨得更细。但粉末再细依然是粉末，除非被火或太阳光线烤熔，粉末不会变成液体，也不会液化，因为它们的组成成分是无限和不可分割的。

萨格: 你分析提到的光现象多次令我惊叹不已。我曾见过铅被直径仅 3 掌的凹面镜顷刻熔化的情形。由此推断，任何具有抛物面形状的镜子，只要镜面够大且磨得够光亮，都能够在很短的时间内熔融任何金属。因为我见证的那面镜子才那么丁点儿大，不怎么光亮还带有球形中空，已经足够用来点燃任何的可燃物质，还能把铅熔为液体。这些效应证实了阿基米德(Archimedes)用镜子完成的奇迹。

萨尔: 我对镜子效果的理解全部来自阿基米德的著作，我花了不少精力去研究他的著作，一边阅读，一边称奇。就算还尚存一丝疑虑，也被博纳文图拉·卡瓦列里(Cavalieri, Francesco Bonaventura)神父出版的著作《燃烧镜》(*Lo Specchio Ustorio*)消除得干干净净了。他的著作在我心里激起壮阔的波澜，那是由衷的钦佩和赞叹。

萨格: 我也见过这部著作，津津有味地读了下来，也是惊叹不已。正是这番阅读证实了我既有的想法，那就是，卡瓦列里神父注定要成为我们这个时代的最伟大的数学家之一。但是，回到太阳光线在液化金属中的神奇作用，我们应该持哪种观点呢？此种效应究竟是完全不涉及运动呢，还是以伴随极速运动为特征？

萨尔: 我认为燃烧和熔解源于运动，并且源于非常快速的运动，如闪电的活动和矿井中火药的活动。风箱使大量不纯净的蒸汽快速产生，直到使金属化为液体。如果不承认运动，而且是最快速运动的作用，我也没有别的办法解释光的作用了。

萨格: 光速有多快呢？它是瞬时的，还是短暂的？或是像其他动作一样需要时间？我们可以通过实验来测算吗？

辛普: 日常经验证实了光的传播是瞬时的。其实当我们看到一门大炮从很远的地方开火时，火焰的光芒立刻射入我们的眼睛，没有丝毫延迟，不像声音要经过相当长的时间才能到达我们的耳朵。

萨格: 这样的经验仅仅能证明声音到达耳朵的时间比光所用的时间要长，但它并不能确定光速是否是瞬时的，或者极快的光速是否依然耗时。此番观察和某些声称“当太阳从地平线升起时，它的光芒立即照射到我们眼睛”的人没什么两样，也许太阳光在被人类看见之前早已到达地平线了呢，谁能保证绝对不会呢？

萨尔：这些观察和其他类似经验并没有得出结论，这个事实曾促使我反思，在未陷入错误的情况下，是否真能确定光的传播是瞬时的。我们至少可以确信，与声音的速度相比，光的运动非常之快，而我的一项实验也证实了这一点。

我们带了两个人，每个人都在灯笼里放了一盏灯，他们可以把手遮挡光或允许光线进入另一人的视线。接着，我请他们面对面站立，彼此保持几个手臂的距离，并指导他们通过观察同伴来隐藏和显露自己的光源：当一个人看到对方的灯光时，他即刻显露自己的灯光。经过几次尝试，他们的合作变得如此天衣无缝，只要其中一人看到对方的灯光就能立马做出相同的动作，因只要一人暴露自己的灯光，来自对方的灯光亦能同时出现。在这种短距离上掌握技巧后，我让他们在夜间做同样的实验，手持两个相同的灯，相距 2～3 英里而站。他们仔细地观察实验结果是否与前一个近距离测试效果一致。

从这两个实验获得的结果可以判断出光的传播是否是瞬时的。如果距离是 3 英里，也就是来回 6 英里，那么光的传播是否有延迟是可以被观察到的。如果想在更远的距离，即大约 8 英里或 10 英里处重新进行观测，我们可以使用望远镜。这些灯不是很大，虽然在远处仅凭肉眼不可见，但是借助望远镜就能轻而易举地看到。

萨格：这真是一个巧妙的注意，那告诉我们你发现了什么吧。

萨尔：令人遗憾的是，我只在不到 1 英里的短距离内进行了实验，因此我不能确定对面光的显示是否真的没有时差。无论如何，即便光不是即时显示的，至少也是非常迅速的。不妨把它比作相距我们十万八千里外的云层中闪电的运动，可以看到闪电的亮光起始于一个云端某个特定的位置，但会立刻扩散至周围的云层中。在我看来，这似乎是光的传播至少需要一些时间的论据，因为如果照明是瞬时的，我们应该无法区分闪电亮光的源头与扩散至周边云层的光束。

到底是什么样的深渊，让我们一步一深陷其中？在所有这些关于真空、不可分割、无限和瞬时运动的讨论中，我们究竟能不能到达一个安全的港湾呢？

萨格：这些话题远远超出了我们的理解能力。为了求得无限，我们在数字中寻寻觅觅，最后发现它是单位数 1；从不可分割中诞生了无限可分；虚空似乎与充实有着内在的联系。在这些情况里，事物的本质似乎与人们的常识截然不同。事物的变形如此之大，甚至一个圆的圆周也变成了一条无限的直线。是时候满足辛普利西奥对知识的渴求了,我们向他展示如何把一条直线分解成无数个点不仅是可能的,而且并不比分解成有限个点更困难。但是,辛普利西奥,拜托你不要强求我把这些点在这张纸上分开一个个展示。我更乐于把一条线折叠成正方形或六边形时,不要求边和边断开。

辛普: 没问题。

萨尔: 如果我们将一条线折成一个正方形、一个八边形或一个有 40、100 或 1 000 个角的多边形,发生的变化足以使人认为这 4 个、8 个、40 个、100 个、1 000 个分段是实际存在的。根据你的说法,它们只潜在地存在于直线中。那我是否可以声称,当我把一条直线段折成一个边数无限的多边形,即一个圆时,这条线缩减成的无数条边正好就是这条直线潜在包含的无限个部分呢?也能理解为,把线分成 4 条边组成一个正方形,或者分成 1 000 条或 10 万条边组成一个有 1 000 条或 10 万条边的多边形时,分割为无限个点的操作实际上已经完成了。就像一个有 10 万条边的多边形沿着一条直线运动时,每次都用它的一条边来接触它一样,圆是一个有无限条边的多边形,它只用它的一条边来接触同一条直线,这条边是一个异于邻近点的单独的点,并且与邻近点的分离和区别程度一点也不比多边形的一边与其他边的分离与区别小。就像多边形沿着一条直线滚动时,用其边上的连续接触点画一条等于其周长的线段一样,圆的无限接触点全部在一起形成一条等于它圆周长度的线段。我愿意向博学的逍遥学派人士[1]承认,连续体可分为若干部分,而这些部分本身总是可分的,因此分割和再分割将无止境地持续下去。但我不确定他们是否向我的观点屈服,也就是,那么多的分割里没有一个是最后的分割,也确实存在一个最终的和基本的分割,那就是将线分解为无限个不可分割的部分。但采用我提出的方法,即一次性区分和分解无限大这个整体,我认为他们应该感到满意,且接受连续统由不可分割的原子组成的说法。说到底这可能是最直接地使我们脱离许多复杂迷宫的路径。其中,除了已经提到的固体各部分的内聚力问题外,还有一个问题是对稀疏和凝聚的理解,避免因前者而被迫承认虚空的存在,因后者而被迫承认物体的相互渗透。这两种解释都有矛盾的地方,我认为通过对不可分割的组成部分的假设,可以巧妙地规避这种矛盾。

辛普: 我不确定逍遥学派人士会说什么,这些观点对于他们来说一定耳目一新,但

1 广义来说,这里指的是和伽利略同时代的亚里士多德的追随者们,亚里士多德大约在两千年前就在雅典大学的大道上讲课,被称为 Peripato。

我们必须严肃看待。他们没什么时间，也缺乏批判能力，应该不太可能解答得了当前让我束手无策的问题。暂且不说他们，我很想听听引入这些不可分割的量会如何帮助我们理解收缩和膨胀，同时又避开虚空和物体的相互渗透性。

萨格：我真的很想听听你的观点，这个问题对我来说一片混沌。另外，如辛普利西奥提醒的，我还想了解亚里士多德反对虚空的论点，以及你对此的看法，因为你承认了他否认的东西。

萨尔：这两件事我都会做。首先，关于膨胀，想想我们之前利用大圆滚动时由小圆描绘的线——一条比小圆的圆周更长的线。为了解释收缩，我们注意到，在小圆的每一次滚动中，大圆描述了一条比其圆周短的直线段。为了更好地理解，让我们接下来考虑在多边形的情形下会发生什么呢。

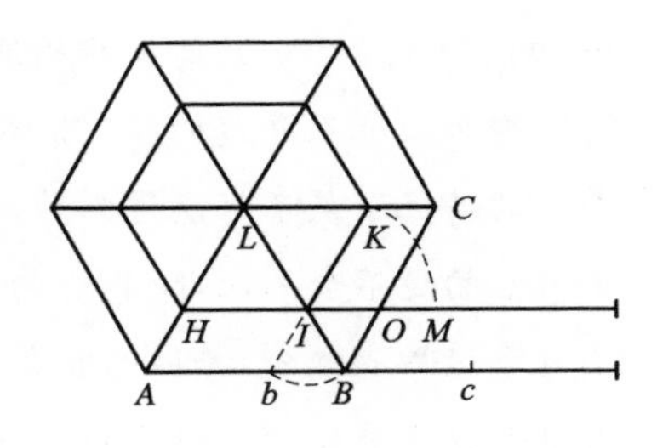

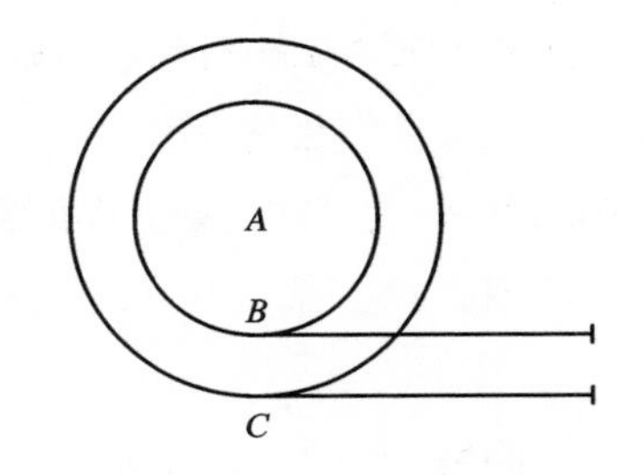

沿用先前的图示，构造两个具有相同公共中心 L 的六边形 ABC 和 HIK，并让它们沿平行线 HOM 和 ABc 滚动。顶点固定不动，滚动内部多边形，直到边 IK 落在平行线上。在此运动过程中，点 K 将描绘弧 KM，且边 KI 将与边 IM 重合。同时关注较大的多边形的边 CB 的行为。当内部多边形围绕点 I 旋转时，线 IB 的极点 B 向后移动，将在平行线 cA 下面绘出弧 Bb，因此当边 KI 与线段 MI 重合时，边 BC 将与 bc 重合。如果允许较小的多边形继续旋转，它将沿着它的平行线转过并描绘一条等于其周长的线，而较大的多边形将转过并描绘一条小于其周长的线，其长度为 bB 的倍数，其倍数等于它的边数减 1。这条线近似等于较小多边形所描绘的线超出它的仅是距离 bB。到了这步，可以毫不费力地发现为什么大多边形的边所描绘的线没有比承载它的小多边形描绘出的线长——这是因为每条边都有一部分叠加在前面的邻边上了。

下面我们尝试绘制两个圆，它们具有共同圆心 A 和两条平行切线。小圆与平行线切于点 B 点，大圆切于点 C。当小圆开始滚动时，点 B 不会静止不动，这样 BC 就会向后移动并带动点 C，就如同多边形的情况那样，点 I 固定不动，直至边 KI 与 MI 重合。在圆的情况下，我们必然会观察到边的数量是无限多的。而多边形的情形中，顶点在一个时间间隔内保持静止，这个时间间隔与完整的转动周期只比等同于一条边与多边形周长之比。同样，在圆的情况下，无限多的顶点中的每一个顶点的倒退纯粹都是瞬间的（一个瞬间是一个非零时间间隔的片段，因为一个点是一个包含无限多个点的线段的一部分）。大多边形边的后退与它的一条边的长度并不相等，而只等于这种边超出小多边形的一条边上的长度，净前进等于这个小多边形点边。但对于圆，在 B 静止的刹那，点 C 的后退量等于它对 B 的超出部分，形成的净前进等于 B 本身。简言之，大圆的无限多条不可分割的边伴随其无限多次不可分割的后退，是在小圆的无限多顶点的无限次瞬时倒退中完成的，与无限多次前进一起等于小圆的无限条边数。所有这一切相加就等于小圆所描绘的线，这条线包含了无穷多个无限小的重叠，从而导致了没有叠加或相互渗透的非空隙部分的增厚或收缩。而这一结果在把一条线分成有限部分的情况下是不可能得到的，就像任何多边形的周长一样，当多边形处于一条直线上时它的边不会缩短，除非它的边重叠或相互渗透。在我看来，除非我们放弃物质的不可渗透性的概念，并引入非零尺寸的空隙，否则这种无限数量的无限小的部分没有有限部分重叠和相互渗透的收缩，和以前提过的无限数量的不可分割的部分由于插入不可分割的真空而引起的膨胀，大多可以说涉及物体的收缩和变薄。

如果你们在这番思考中发现了有用的东西，不妨拿去一用；不然就权当无意义的闲聊好了，大可在他处另谋解释。我只想重申，我们正在和无限的和不可分割的事物打交道。

萨格： 你的观点很奇妙，给我留下了新奇的印象，但我无法确信自然界是否真按这般规律运行。然而，在出现更有说服力的解释之前，我欣然接受你的观点。

也许辛普利西奥可以告诉我们一些闻所未闻的东西，即亚里士多德派的哲学家们是如何解释这个深奥的难题的。迄今为止，我所读到的关于压缩的解释多如牛毛，而涉及膨胀的讲解却屈指可数，我贫瘠的脑细胞既无法看透前者，对后者也不能领会。

辛普： 我陷入了一片迷茫，特别在这个新的观点中：一盎司黄金可以被稀释并膨胀成比整个地球更大的尺寸，而整个地球可以被压缩得比核桃还小。我完全说服不了自己，猜你自己也压根不信。你在这一点上所展开的思考和论证，是与可感事物相去甚远的、抽象的数学概念，对于物质世界和具体物质是行不通的。

萨尔： 我怀疑你是否在变相逼迫我展示一些肉眼不可见得的事物，我自然无力照办。要谈到我们的感官可以感知的东西，既然你提到了黄金，难道你没有看到它各部分有巨大的扩张的可能吗？

你们是否观察过工匠们拉金丝的工艺，金丝的黄金成分仅浮于表面，内里却是由白银制成的。他们取一个半臂长、3～4 英寸粗的银筒或银棒，接着用 8～10 片打好的金箔覆盖银柱体，众所周知，这些金箔非常之薄，薄得甚至可以飘浮在空中。然后他们开始用力拉镀上黄金的银柱体，将其压过越来越小的孔。经过多次加工，这些银柱体压制得如女人的发丝一般细，甚至更为纤细，但其表面仍然保持镀金。你们感受一下，黄金所经历的打薄和延展是多么不可思议。

辛普：我没有明白这种工艺如何使得黄金变薄，从而证明你所谓的奇迹有理可据。首先，构成镀金的 10 片金箔代表了一个可观可感的厚度；其次，如果银柱体在拉伸时长度增加，那么厚度就会等比例减少。因此，一个维度补偿了另一个维度，它的面积不会延展到这样的程度，即为了用黄金覆盖白银，势必要让它比第一层金箔更厚。

萨尔：你错了，辛普利西奥，因为相同体积的表面积是随着长度的平方根增加，我可以向你证明这件事。

萨格：如果方便的话，请证明给我们看吧。

萨尔：给定一个半径为 r，高度为 h 的圆柱体（圆柱体的高度代表线的长度），外表面（即不含底面）的面积 S 等于

$$S = 2\pi rh \tag{1}$$

而体积 V 是

$$V = \pi r^2 h = \frac{1}{4\pi}\frac{S^2}{h} \tag{2}$$

因此

$$S = \sqrt{4\pi hV} \tag{3}$$

如上所证。

如果我们将获得的结果应用于手头的案例，并假设拉伸前的银柱体有半的长度和 3～4 英寸的厚度，我们会发现，当金属丝压至头发丝的细度并被拉伸到 20 000 臂长（也

许更长）时，其表面积增加了 200 倍。同理，外裹的 10 片金箔在拉伸中面积大了 200 倍，而最终覆盖在这么多臂长的金丝表面的金箔厚度不超过普通锤薄金箔的二十分之一。现在考虑一下它必须具有怎样的纤细程度，以及除了大幅延展各部分之外是否能构思出任何其他的发生方式；还要考虑这个实验是否表明了物理物质是由无限多个小型的不可分割的粒子组成的，这个观点也得到了其他更为惊人和具有决定性的佐证。

萨格： 我很喜欢你这番通俗易懂的论证。

萨尔： 既然你这么喜欢这些恰如其分的论证，我再提一个定理来回答一个极其有趣的问题。我们之前已经看到了体积相同但高度或长度不同的圆柱体之间存在的关系；现在让我们看看当圆柱体的面积相等但高度不同时会发生什么，这里的面积指侧面的曲面积，即不包括上下底面。

从公式(2)可以轻松得出该定理：侧面积相等的圆柱体，其体积同它们的高度成反比。

这就解释了一个老让普通百姓目瞪口呆的现象。我们可以用一块布，搭配常见的木质底座来织一个面粉袋。如果织布的一边比另一边长，那么当布的短边作为高，长边用来围绕木质底座时，布袋会比另一种配置织出来的更大。具体来讲，用一块一边长 6 臂、另一边长 12 臂的布料织一个布袋：当 12 臂的长边缠绕在木质底座上，6 臂的边用作布袋高度时织出的布袋容量要大于 6 臂短边绕底，12 臂长边作高的袋子。根据前面所证明的，我们不仅了解到一个布袋比另一个布袋装得多的一般事实，而且还额外获得了关于具体多多少的信息：如布袋的高度按多大的比例减小，其容量就按多大的比例增加，反之亦然。如果我们使用给定的数据（布料的长度为宽度的 2 倍），用长边缝合成高，那么布袋的容量将是相反配比方式的一半。

萨格： 我们非常高兴能继续获取如此新颖又实用的信息。但关于刚才讨论的话题，我真的相信，在尚不熟悉数学和几何学的人中，100 个人中几乎找不到 4 个人不犯乍一看就认为包含在相等表面内的物体具有相等体积的错误。说到面积，当人们试图通过测量各种城市的边界线来确定不同城市大小时也犯了同样的错误，因为他们忘记了一座城市的周长可能与另一座城市的周长相等，而面积却可以比另一座城市大得多。在不规则表面的情况下是这样，对于规则的表面也是如此。边数较多的多边形所包含的面积总是比边数较少的多边形大，所以到了最后，具有无限多条边的多边形——圆，在所有周长相等的多边形中面积是最大的。我特别愉快地回忆起，我曾借力一位知识特别渊博的评论家的帮助研究萨克罗博斯科（Giovanni Sacrobosco）[1]的作品《天球论》（*La Sfera*），在研究过程中读到过这个演示。

萨尔： 很对！我也读到过相同的桥段，由此想到一种简单的方法来证明在所有具有相同周长的规则图形中圆的面积是最大的，而在其他图形中，边数多的比边数少的包含的面积更大。

萨格： 我对于不同寻常的命题尤其热衷，请你向我们展示这个论证吧。

萨尔： 我可以通过以下演示来简明扼要地证明这一点。

定理： 圆的面积是两个规则的相似多边形面积之间的比例中项，其中一个多边形外切于圆，另一个多边形与圆周长相等。此外，圆的面积比任何具有相同周长的多边形的面积都大。进而，在这些外切的多边形中，具有较多边数的多边形比具有较少边数的多边形的面积小。而另一方面，在周长相同的多边形中，边数较多的多边形的面积也较大。

如图所示[15]，设 2α 为每个三角形的中心角，这些三角形组成了一个有 n 条边的规则多边形，每条边的长度为 l，周长 p_n 为

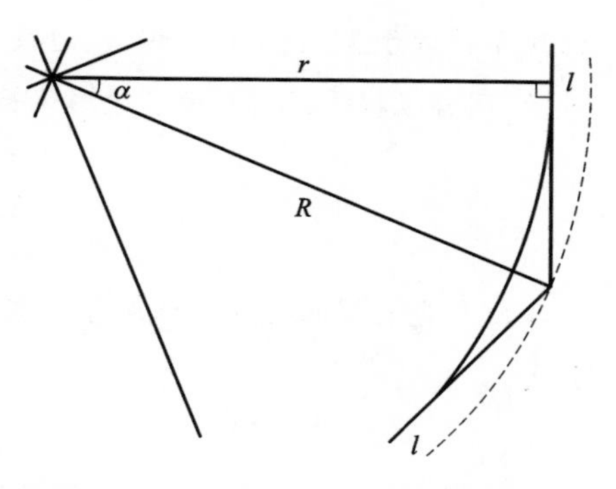

$$p_n = nl = 2nR\sin\alpha = 2nr\frac{\sin\alpha}{\cos\alpha} \qquad (4)$$

内切圆半径为 r，外切圆半径为 R。组成多边形的相同大小的三角形面积乘以边数 n 就能得到规则多边形的面积。鉴于这些三角形都以多边形的一边为底，具有 n 条边的规则多边形面积为

$$A_n = n\frac{rl}{2} = nr^2\frac{\sin\alpha}{\cos\alpha} = \frac{p_n^2}{4n}\frac{\cos\alpha}{\sin\alpha} \qquad (5)$$

1　这是一篇由在巴黎大学任教的英国天文学家约翰·霍利伍德(John Holywood)于 13 世纪写成的关于天文学的论文。伽利略本人在帕多瓦采用它作为天文学的初阶教材。

设想一个半径为 r 的圆，我们想证明

$$A^2=(\pi r^2)^2=A_e A_i$$

设 A 是圆的面积，A_e 是外切多边形的面积，A_i 是具有相同边数和相同周长的多边形的面积。从公式(4)和(5)可得出

$$A_i=\frac{p_n^2}{4n}\frac{\cos\alpha}{\sin\alpha}=\frac{(2\pi r)^2}{4n}\frac{\cos\alpha}{\sin\alpha}=\frac{\pi^2 r^2}{n}\frac{\cos\alpha}{\sin\alpha}$$

$$A_e=nr^2\frac{\sin\alpha}{\cos\alpha}$$

故，$A_e A_i=\pi^2 r^4$，如此证明。

就第二个命题，即圆的面积大于任何具有相同周长的多边形的面积，直接证明如下：对于任意边数的多边形，只要外切于圆，必 $A_e>A$，A 作为 A_e 和 A_i 之间的中等比例项，由此推得 $A>A_i$，与多边形的边数 n 无关。

至于最后两个命题，根据等式(5)和 $\alpha=\pi/n$，对于一般外切多边形，得出

$$A_n=nr^2\frac{\sin\alpha}{\cos\alpha}=\pi r^2\frac{\tan\alpha}{\alpha}$$

始终保持 $\alpha<\tan\alpha$，但随着多边形边数的增加，弧长越来越接近弦，因此 $(\tan\alpha)/\alpha$ 的比率接近于1：我们已经证实，边数最多的多边形是所有外切多边形中面积最小的。最后，同样根据等式(5)，设多边形周长 p_n，可得

$$A_n=\frac{p_n^2}{4\pi}\frac{\alpha}{\tan\alpha}$$

以与先前类似的方式证明了在等周长的多边形中，具有最多边数的多边形面积最大。

萨格：这是一个多么聪明且优美的论证！但是，当我们该如何从几何的角度回应辛普利西奥提出的反对意见呢，特别是涉及收缩这一困扰我多时的论题。

萨尔：如果收缩和膨胀存在于相反的运动之中，那么每一种剧烈膨胀都应该有一种与其程度对应的收缩。但是，我们会充满惊奇地见证在日常生活中发生的近乎瞬时的猛烈膨胀。试问，当少量炸药爆炸成巨大体积的火焰时发生的膨胀有多么猛烈？继而想到它产生的光几乎无限制地膨胀！想象一下这场大火和这些光束聚集时引发的

收缩，实际上并不是不可能，因为在短暂一瞬前它们正相聚于一个很小的空间。如果你多加留心还会发现更多种膨胀，因为它们比收缩更容易发生，尽管密集的物质更加易于发现和感知。以木头为例，我们可以看到它被烧成火和光，但是我们永远不会看到火和光的重新结合成木头。我们看到水果、黄金以及其他成百上千个固体消融成空中的气味，但我们从未见的这些香气的原子重新融合成芬芳馥郁的固体。

但是在无法观察感知的情况下，就得介入理性以究其原因，这将使我们能够理解极其稀薄的物质的凝结以及固体膨胀与分解中固有的变化。我们将在无须引入真空和坚持物质是不可渗透的前提下，研究膨胀和收缩在具备相应变化可能的物体中是如何发生的；但并不排除一些材料不具备这样特性的可能性，因而导致一些你们认为不恰当或不可能的结果。最后，辛普利西奥，出于对你们这些博学哲人的偏爱，我费尽心思想出了一种无须承认物质可渗透性和不用引入真空的情况下，膨胀和收缩是怎样发生的解释，这些特性一再被你们否认和排斥——诚然，你们若是承认了这些事物，我也不会加以反对。现在，你可以接受这些矛盾，或者承认我的观点，抑或提出更好的建议。

萨格：我完全赞同逍遥学派对物质渗透性的否认态度。至于真空，我愿意听听关于亚里士多德论证的深刻剖析，他在此论证中反驳了他们的主张，而萨尔维亚蒂，你是怎么看的呢？请辛普利西奥告诉我们哲学家是如何证明的，而萨尔维亚蒂，请你赐予我们答案吧。

辛普：就我的记忆所及，亚里士多德反对过一些古人的学说，他们认为真空是运动的必要的先决条件。亚里士多德持相反的观点，他声称该运动驳斥了真空的假设[16]，并提出了两项假设：一项是关于不同重体在相同介质中下落，另一项是关于相同重体在不同介质中下落。关于第一项假设，他认为不同重量的物体以与其重量成比例的不同速度运动，如一个比另一个重 10 倍的物体会以快 10 倍的速度运动。至于第二种情况，他认为同一物体在不同介质中的运动速度与介质的密度成反比。例如，如果水的密度是空气的 10 倍，那么物体在空气中的运动速度将是在水中速度的 10 倍。从这第二个假设中可以得出真空是不可能存在的：由于真空的轻盈程度无限超过任何其他介质，甚至可说是最稀薄的介质，如果一个物体要在空间中运动一定的时间，在真空中它必须在一瞬间运动；但瞬间运动是不可能的，所以真空不可能存在。

萨尔：可见这个论点专门针对那些认为真空是运动的先决条件的人。如果我接受这一结论，承认在真空中不存在运动，就无法驳斥真空的存在了。但为了回应古人的学说，且为了更好地理解亚里士多德的论点，我认为这两种假设都可以被推翻。关于第一种假设，我怀疑亚里士多德是否曾经实验过把两块不同重量的石头（如一块的重量是另一块的10倍）在同一时刻从同一高度（如100臂高度）抛下，它们的下落速度真会差那么大吗？以至于当较重的一块石头落地时，另一块仍然在高处？

辛普：但是亚里士多德的说辞似乎表明他已经做个这个实验了，因其谈道："我们看到更重的……"[17]，其中"看到"这个动词表明他的结论是来源于实验的。

萨格：但我已经做过这个实验，可以拍着胸脯向你保证：一枚炮弹，无论重100磅、200磅还是更重，都不会比小炮射出的重量仅半磅的弹丸提前到达地面。倘若两者都从200臂高度落下，前者因此无法领先哪怕一拃的距离。

萨尔：无需进一步的实验，只需借助一个简短且确凿的论证清晰明了的证明，在材质相同的情况下，较重的物体（亚里士多德所说的物体）并不会比较轻的物体运动得快。但是，请辛普利西奥告诉我，你是否坚信每一个重体的下落速度都是被天生赋予的固定速度，除非对它施加动力或增添阻力，否则落体的速度既不能增加也不能减少。

辛普：毫无疑问，在同一介质中的同一件运动物体有一个固有的确定的速度，若没有一个新的力加持，这个速度不会增加；若不设置一些阻力来限制，这个速度也不会降低。

萨尔：那么，如果现在有两个具有不同速度的物体，我们把较慢的物体和较快的物体绑起来，你觉得速度较慢的物体可否会拖慢速度较快的物体，而速度较快的物体会让速度较慢的物体加速运动吗？

辛普：在我看来，就是这样的。

萨尔：譬如说一块大石头的运动速度为8度，一块小石头的运动速度为4度，那当它们捆绑在一起时，组合的运动速度将小于8度。两石捆绑构成的组合一定大于原来以 8 度运动的石块，但新组合的石头运动速度却比单独的较大石块更慢。结果与你的推测相矛盾。因此，我告诉你，较重的物体比较轻的物体运动得快这一结论是不对的。

辛普： 我听得一头雾水，因为我坚持认为小石头和大石头连在一起时，会给后者增加重量，而在增加重量的同时，也应该增加运动速度，或者至少不会把速度拖慢。

萨尔： 你此处又犯了一个错误，因为认为小石头给大石头增加了重量也是不对的。

辛普： 好吧，这远远超出了我的理解范畴。

萨尔： 我们必须区别看待运动中的重物和静止状态的重物。一块放在天平盘上的大石头，不仅可以通过在其上叠加另一块石头来增加重量，而且还可以通过牵引一束重 6～10 盎司的麻絮以相应增重。但是，如果从一定的高度扔下被麻絮牵引的石头，你认为在它的运动中，麻絮会压在石头上面而加速其运动，还是会通过牵引力来放慢它的运动呢？如果一个人感觉到压在肩膀上的负重压力，是因为他在有意识地对抗重物的运动，但如果他以恰如重物自然下落的速度下降，重物还怎么可能让他感觉到压力呢？难道你不明白吗，这就像试图用长矛刺一个以相同或更快速度跑在前面的人？因此，在自由、自然的坠落过程中，小石头不会对大石头施压，也就不会像在静止状态下那样增加后者的重量。

辛普： 但如果把大石头放在小石头上呢？

萨尔： 如果大石头的运动更快，大石头就会增加它的重量：但我们已经说过，如果小石头运动速度较慢，它将拖慢大石头的运动，从而两块捆绑在一块儿的石头会降速运动，这与你的假设相反。于是我们推论，在相同重力下运动的大物体和小物体的速度是相等的。

辛普： 你的推论让我信服，但是我依然难以相信丁点儿大的铅球能以大炮般的速度运动。

萨尔： 你为何不说一粒沙和一块磨盘的运动一样快呢？我不希望你像芸芸众生一

样，在字面上吹毛求疵，来曲解我的话。亚里士多德说："一个 100 磅的铁球从 100 臂的高度落下，在一个 1 磅的铁球落下 1 臂之前就已经到达了地面。"我却认为这些球同时到达地面。通过实验你会发现大球比小球领先两指的距离，当大球落地时，小球离地还有两指高度。我希望你不要用这两指宽掩盖亚里士多德的 99 臂，过分夸大我小小的口误，而选择性忽略他大 10 倍的错误。亚里士多德宣称，不同重量的物体在同一介质中运动(运动全依赖于重力)，其运动速度与它们的重量成正比，他忽略了如物体的形状之类的次要因素，这些次要因素转变了介质的影响力，从而让重力效应不再纯粹。可以看到所有材料中最重的黄金捶打成一片非常薄金箔，在空气中飘浮运动；当把石头磨成极细粉末时，同样的情况也会发生。但是，如果你有意把亚里士多德的命题变为普遍规律，就必须见证一块 20 磅的石头比一块 2 磅的石头下落的速度快 10 倍。而我断言这是不可能发生的，如果它们从 50 臂或 100 臂高度下落，它们将在同一瞬间到达地面。

辛普： 也许从数千臂的高空下落会发生一些从较低的高度看不到的事情。

萨尔： 如果亚里士多德是这个意思，那意味着又一个堪称谎言的错误也将归咎于他。这样的高度在地球上并不存在，所以亚里士多德不可能做过这样的实验。

辛普： 事实上，亚里士多德没有使用这个假设，而应用了另一个我认为与这些困难无关的假设。

萨尔： 但另一种假设也没好到哪里去。我挺惊讶你居然没看出其中谬误。如果同一物体在不同密度的介质，如在水和空气中运动，按照密度的反比，在空气中的运动速度大于在水中的运动速度，那么每一种在空气中下落的物体也会在水中下降。这是错误的观点，因为很多物体都落于空中，而浮在水上。

辛普： 这种推断是不成立的：亚里士多德强调了物体在两种介质中下落。

萨尔： 你把亚里士多德绝不会使用的论据强行套在他身上。请告诉我，在水的密度(对运动阻力较大)和空气的密度(对运动阻碍较小)之间是否存在一个比例，并说说看比值有多大。

辛普：当然存在，假定比例为 10，则一个重物在两种介质中下降，在水中比在空气中慢 10 倍。

萨尔：现在拿一个在空中降落但在水中不下沉的物体举例，如木球。我要求你设想一个它在空中下降的速度，随你定。

辛普：假设它以 20 度的速度运动。

萨尔：很好。既然这个速度快于较慢速度的倍率等于水的密度厚于空气密度的比值，那另一个较慢的速度就等于 2 度；若要严格遵从亚里士多德的假设，我们就应当承认，木球在阻力是水阻力十分之一的空气中以 20 度的速度下落，则在水中的以 2 度的速度下沉，而不是像它表现出来的那样从水底上升到水面。除非你认为从水底上升的速度与其坠入水底一样都是 2 度，我想你应该不会这么承认吧。但是，既然木球并未沉到水底，你应该会同意另找一个由非木头材料制成的球，它再以 2 度的速度在水中下沉。

辛普：当然，但它的材料必须比木材重得多。

萨尔：我喜欢你这句话。第二个以 2 度下沉的球将以多快的速度在空中降落呢？如果你想坚持亚里士多德的推论，你必然回答它以速度 20 运动。但 20 度是你自行赋予木球的运动速度，所以这个木球和另一个更重的球将以同样的速度在空中运动。亚里士多德是如何将这一结论与另一结论相协调的，即让不同重量的物体在同一介质中的运动速度与它们的重量成比例这一结论自圆其说？你怎么可能观察不到，有的物体在水中的运动速度比另一种物体快 100 倍，但两者在空中降落时却速度一样快？大理石凿成的蛋状物在水中下沉的速度比真正的鸡蛋快 100 倍，而从 20 臂的高空落下却不会比鸡蛋领先超过 4 指的距离。你很清楚答不上这个问题。因此，我们的结论是，这个论点对否认真空不起任何证明作用，即使起作用，也只是对否认巨大的虚空有证明效力，我和古人都相信自然界中不存在这种巨大的虚空，尽管存在用巨大的力量制造它的可能，就像在不同实验中表明的那样，在这里描述就得耗费太长的时间。

萨格：辛普利西奥沉默了，那我来说点什么吧。你已经清楚地证实了不同重量的物体在同一介质中的运动速度与它们的重量成正比这一论断是错误的，相反，只要它们是由相同的材料或具有相同比重的材料制成的，其运动速度就相等。但你似乎没有针对具有不同比重的材料做出任何论断。我猜你不会想说软木球与铅球的下落速度相同。既然你已经证明了，同一件物体在不同密度的介质中的运动速度并不与介质的密度成反比，我非常渴望知道实际观察到的比例是多少。

萨尔：你提出了一个非常有意思的问题，这也是我也经常思考的。

我来谈谈我的思路以及最终得出的结论吧。在确认了同一物体在不同密度的介质中的运动速度与密度本身成反比，以及下落速度与重量成正比的这两个命题不成立之后，我开始结合这两个事实来研究不同重量的物体在不同阻力的介质中的运动情况。我注意到，速度的变化在阻力较大的介质中比在更易穿透的介质中要明显得多，以至于两个物体在空气中能以非常相近的速度下降，而在水中，一个物体的运动速度比另一个快 10 倍。进而，一个在空中快速下落的物体不仅可能无法在水中下沉，而且可能完全没有运动，甚至上浮至水面——比如从在一棵树上取一些结或根扔进水里，它们会保持静止，若抛于空中则快速下落。

萨格：以一个本身不会沉到水底的蜡球为例，我曾多次怀着极大的耐心企图以附着沙粒的方法让它达到与水相似的密度值，从而使其在水中维系静止状态，但从未成功。我不知是否还存在其他密度与水无限接近，以至于浸入水的任一深度都能保持平衡的固定材料。

萨尔：有相当多的动物在这一技能上如同在其他无数方面一样，比我们人类更有本事。就刚才提到的案例，也许当初你可以从鱼的身上获取一些启发，因为它们实在擅长这项操作。鱼儿在清澈、浑浊或不同咸度的水中保持平衡，这些水的密度有很大差异。鱼的平衡状态是如此完美，以至于它们在水下每一处都能静止不动；在我看来，它们是通过使用自然界赋予它们的工具来实现这一目的的，即它们体内长着一个小气囊，通过一个小口与嘴相连。鱼凭借这种方式把空气吹出去，或在游泳时浮出水面以吸进更多的空气，时而变重，时而变轻，以此维系自身平衡。

萨格：我用另一个诡计欺骗了一些朋友，对他们吹嘘说我可以让那个蜡球与水保持平衡。我在瓶底灌一部分盐水，而在上部放置淡水，我向他们演示这个球会停在水中间，球体往下压或往上推总会回到水的中位线。

萨尔：这个实验并非也不是毫无用处。医师们必须了解水的不同特性，其中包含水的比重，可以使用类似的球来测试，调整后使其在水中的下降和上升状态之间摇摆不定。比方两种比重相差极小的水，球在其中一种水中会下降，而在另一种较重的水中就浮出水面；该测量极为精确，只需在 6 磅水中加两粒盐就能使下降的球从底部上升至水面。此外，为了证实这一实验的准确性，同时也是为了找到证明水对分割缺乏抵抗力的证据，我还想补充说明一件事，不仅通过稀释密度较大的物质而获得的比重变化，单靠加热或冷却也会引起密度的可测变化。这种精妙的操作，如在 6 磅水中加入 4 滴稍热或稍冷的水，也将使球下降或上升：热水注入时球将下沉，冷水注入时球就上浮[1]。现在能够看出那些哲学家们错得多离谱了吧，他们把水的黏性或各部分之间的内聚力归结为使它抵抗分裂和渗透的原因。

萨格：关于这个问题，我在我们的院士[18]写的一篇论文中找到了非常有说服力的论据，但仍然存有一些疑惑。如果水粒子之间没有黏性和内聚力，那为什么非常大颗的水滴能够如浮雕般立在白菜叶子上面，而不会四处流淌或铺平开来？

掌握真理的人自然可以抹去一切反对他的声音。就这个问题我不能打肿脸充胖子，虽然我才疏学浅，但是真理却是掩盖不住的。首先，我承认自己确实不清楚这些大水滴为何可以保持不倒，但我肯定这种特性的来源绝非任何存在于它们之间的内部力量，因此原因必定来自外部。我可以凭借一个新实验来证实这一点。

若是内部原因使得水粒子被空气包围时保持滴状，那么当水被一种介质包围时反而更能保持形状。这种介质可以是比空气重的液体，如葡萄酒。将葡萄酒倒在水滴周围，葡萄酒应该缓慢升高而不会干扰水粒子，因为它们被所谓的内聚力黏合在一起。但事与愿违，因为一旦葡萄酒接触到水滴，不等其围着水滴上升，水滴已铺陈开来，流淌至酒下，如果酒是红色的这些就会清晰可见。

所以原因肯定来自外部，也许属于萦绕四周的空气。说真的，空气和水之间存在着巨大的对立，我在另一个实验中也观察到了这一点。取一个带小孔的玻璃球，其孔

1　这一原则是所谓伽利略温度计运作的基础。该仪器由一个装有液体的玻璃缸和一些依次装有液体的玻璃细颈瓶组成；这些细颈瓶具有不同的平均密度，瓶子的标签上标有从适当的校准中获得的温度。当设备与环境处于热平衡状态时，测得的温度（如果温度在仪器的工作范围内）由留在上面的细颈瓶中最低的那个数字表示。

径如麦秆一般粗细，往孔里灌满水后把球倒过来使孔朝下。尽管水相当重且倾向于下落至空中，而更为轻盈的空气也有上升穿过水的趋势，但它们都不会遵从本能，两者仍然顽固地保持对抗。另一方面，如果我在玻璃洞孔旁放上一杯红酒，酒的重量比起水轻得微不足道，立刻会观察到玫瑰色的条纹在水中慢慢上升，而水以同样缓慢的速度在葡萄酒中下降，没有任何混合，直到孔径完全被酒填满，水全部滴入放置在底下的玻璃杯中。

辛普：我听着实在想笑，萨尔维亚蒂是多么讨厌“反感”这个概念，甚至提都不愿意提[1]。然而，这个词很适合用来解释这一连串的难题。

萨尔：谢谢你，辛普利西奥，这个词确实可以解答我们的疑问。先不管偏移的论题了，回到我们原本的问题上。不同质量的重体在阻力更大的介质中运动差异更大。在水银介质中，黄金比铅下沉得更快，而且事实上金是唯一能下沉的物质，其他金属和石头则向上移动并漂浮在表面；另一方面，金、铅、铜、岩石或其他重材料做成的球在空气中的下落速度几乎没有差异。当然，从 100 臂高度下落的金球是无法领先铜球 4 指宽距离的。我由此得出的结论是：在完全没有阻力的介质中所有物体以同样的速度下落。

辛普：萨尔维亚蒂，这个结论令人震惊。我简直无法相信在真空中一绺羊毛也会以与铅球相同的速度下落。

萨尔：辛普利西奥，莫急。你提的问题没那么深奥，我也不至于粗心到没考虑过这一点。听完我的讲解你就不会再疑惑了。我们想要了解两个重量不同的物体在一个零阻力的介质中如何运动，这样一来，物体运动的速度差异完全由重量不等产生。由于完全零阻力的介质并不存在，因此可以观察在密度较低、阻力较小的介质中的运动状况，并与在密度较大、阻力较大的介质中发生的情况进行对比。如果发现速度的差异随着运动所处介质密度的降低而减少，即使介质不是真空，仍然能够相信它们在真空中的运动速度是相等的。

不妨考虑一下在空气中发生的情况。假设一种材料非常之轻，且有确定的表面，

1　亚里士多德学派也会在物理学的背景下使用“好感”及其反义词“反感”的概念，表示接近和远离的倾向。根据赫尔墨蒂哲学家(公元 2 世纪)来看，“好感”和“反感”也影响着人与自然的关系。

就拿充满气的气囊来举例吧。气囊内部的空气重量在空气中可以忽略不计，因为它可以被压缩得非常稀少。因此，有效的重量只是气囊表皮自身的那一点点，只占和其同等大小的铅球重量的千分之一。两者同时从 4 臂或 6 臂高的地方落下，你们猜铅球下坠会比气囊快多少？我向你们保证，铅球的领先速度达不到 1 000 倍，但也不会是 3 倍，甚至 2 倍也达不到。

辛普：可能在运动初始阶段，也就是在 4 臂或 6 臂的初始高度，事情会像你说的那样发展；但如果运动持续很长时间，我认为铅球会抛开身后的气囊不止一半的距离，而是领先四分之三或 90%。

萨尔：我也对此深信不疑。如果运动路程相当之长，很可能当铅球已经走了 100 英里时，气囊只走了 1 英里。但是这个事实，这个你提出来用于反对我的证据，在我看来恰好证明了我的命题。

我想再次强调，不同重量的物体下落速度的差异不是由重量本身造成的，而是取决于外部环境，首先依赖于介质的阻力，即如果排除了阻力干扰，所有物体都会以相同的速度移动。我首先从你自己承认的事实中推断出这一点，即不同重量的物体的下落速度差异越大，它们所经过的空间距离之差就愈来愈大。这种效果很难用重量不同来解释。如果物体各自的下落速度保持不变，那么所经过的空间距离之比应该总是相同的。而现实恰恰相反，不同重量的物体下落的距离之差持续增加：在 1 臂高度的下落过程中，重的物体不会比轻的物体领先十分之一的距离；从 12 臂高度下落，重的物体会领先三分之一的距离，从 100 臂高度下落甚至会领先 90%的距离，以此类推。

辛普：这些都没错，但按照你的思路，既然物体的重量差异不能导致其速度比例的变化，且重力不会改变，那为什么同样保持不变的介质能使它们的速度之比发生变化呢？

萨尔：你的质疑非常犀利，看来我有必要好好解释一番。我告诉你，重物在本质上倾向于向共同的重物中心，也就是地球的中心移动。重物的运动以相同的方式持续加速——在同等的时间内增加相同的速度。但只有消除一切外部干扰才能验证这一点。而在这些外部干扰中，有一样是无论如何都无法消除的，那就是空气。空气固然是流动又轻盈的，但其介质必会形成一种阻力来妨碍运动，介质阻力的大小直接取决于它的让位对象，即运动物体在介质中穿过的速度。正如我所说，由于重体运动在本质上是不断加速的，于是遇到了来自介质的不断加码的阻力，这导致了运动增速放缓。最终，一边的重量和另一边的介质阻力达到平衡，阻止任何进一步的加速并且使物体保持匀速运动。介质阻力的增加不是因为其本质发生了变化，而是因为介质必须为具有恒定加速度的物体穿越让出通道。

看到空气对气囊运动的阻力很大，而对铅球的阻碍极其轻微，我还是坚持认为，完全消除介质阻力会极大助力气囊的运动，但对铅球影响甚微，最后两者的运动速度将变得相等。因此，根据在无阻力的介质中所有物体的下落速度相同这一原则，我们将能够正确地推断相似或不同类物体通过充满空间的相同或不同介质（因而有阻力）运动时的速度比例。基于这点，我们必须关注介质的重力对运动物体的重力的减少程度，类似一种后者用来把推开介质成分而开辟通道的工具。此番行为在真空中不会发生，因此重量之差不会带来速度的差异。阿基米德原理解释得很清楚，物体在给定介质中的减少的重力等于该介质相同体积的重量，我们首先应该以相同的比例降低物体的运动速度，就像在无阻力介质中运动一样。以物体速度相等为假设前提。例如，假设铅的重量是空气的1万倍，乌木的比重是空气的1 000倍：俩物体在无阻力介质中的运动速度相等，但在空气介质中运动时，铅的速度减少万分之一，而乌木的速度减少千分之一。换句话说，如果我们将重体的下落高度分成1万份，当乌木还没有穿过这万份高度中的10份或至少9份时，铅已经着地。从200臂高的塔上掉下的铅球会领先乌木球至少四指距离吗？乌木比空气重1 000倍，而充气后的气囊仅重4倍。因此，如果空气使乌木固有的、自然的速度减少千分之一，同样地，使气囊的速度减少四分之一；当一个乌木球从塔顶落下滚到地面时，气囊只移动了四分之三的距离。铅比水重12倍，但象牙只重2倍，因此水会以相同的比例降低它们的绝对运动速度，铅的速度减少十二分之一，象牙减少一半；因此，当铅沉入水下11臂时，象牙仅下沉6臂。而且我可以胸有成竹地说，根据这一规则，我们的实验与亚里士多德的相比，计算与实验符合的程度要远高于他。

我们以同样的方式发现，同一物体在不同液体中的速度之间的比例，不是通过比较介质的不同阻力来计算，而得考虑物体比重超出介质密度的部分。例如，假设锡比空气重1 000倍，比水重10倍，如果我们把锡的绝对速度分成1 000份，那么在空气中，它将减少到999份，而在水中则减少到900份，因为水汲取了十分之一的速度。再以比水重一点的材料举例，如橡木。如果你们愿意的话，假设橡木球重1 000打兰（1打兰约等于 1.77 克），同等体积的水重 950 打兰，而同等体积的空气仅重 2 打兰。显然，如果这种木材的绝对速度为 1 000 度，它在空气中的运动速度将达到 998 度，而在水中只剩 50 度的速度。这样的固体在空气中的运动速度是在水中的 20 倍，因为它的重力超过水的重力的部分是它自身重力的二十分之一。在确定了这一点之后，让我们思考这样一个事实：只有比重大于水，比空气重几百倍的物体在水中才有向下的运动。通过测量物体分别在空气和水中的速度之比，可以基本准确的推断出：空气只减少物体的绝对重力极其微量的一部分，因此它们的绝对速度也降低得很少；空气中和水中的速度之比大约等于与它们的密度和该密度超出水密度的部分之间的比例。如果一个象牙球重 20 盎司，同等体积的水重 17 盎司，象牙在空气中的运动速度和它在水中的运动速度之比大约是 20∶3。

萨格：在这个激动人心的课题上我已经迈出了一大步，而以前的我只能徒劳无功。原来我只需知道空气的比重、水的比重以及每个重物的比重。

辛普：但是，如果我们发现空气是轻得不得了的，而不具有重量[19]，那么这些巧妙的论证会发生什么变化呢？

萨尔：他们会突然变得空虚、轻盈和虚无。但你怀疑空气具有重量吗？亚里士多德明确指出，除火以外所有的元素都有重量，包括空气，而证据（他后来补充的）就是充满气的皮囊比瘪掉时更重[20]。

辛普：我认为皮囊或气球充气就变重的原因不在于空气的重量，而在于在低海拔地区与空气混合而成的浓重又厚实的蒸汽，这才是导致其重量增加的原因。

萨尔：我不认可你的观点，你也不应该把它归咎于亚里士多德。如果亚里士多德在谈及元素时，试图以实验说服我空气是重的，他大概会说："拿个瓶子，把它装满浓密的蒸汽，称称重量增加了多少。"那我一定告诉他倘若瓶子装满的是声音，也一样会变重。此外，就算这种实验证明了声音和浓密的蒸汽的确是有重量的，我也不会打消对空气重量的怀疑。亚里士多德的实验是有价值的，关于空气重量的命题也没有弄虚作假。然而，另一个不那么有效的论点被一位哲学家认为同样具有证明力，他的名字我不记得了（但我确信在哪儿读到过），空气之所以有重量，是因为它向下运输重物比向上移动轻物更容易。

萨格： 这个说法很巧妙！按照这个推理，空气要比水重得多，因为重的物体在空气中比在水中更容易被带着往下运送，而轻的物体在水中比在空气中更容易上升；许多物体在空中下落，却在水中上升。但是我们想当然地认为瓶子里的东西有一个重量，辛普利西奥，皮囊里的重量是来自蒸汽还是纯粹的空气并不影响我们正在讨论的问题，也就是物体在我们这个充满蒸汽的地方是如何运动的真相。我更加确信了空气是有重量的，而且如果可能的话，还想知道它有多重。如果你能满足我的好奇心，实属帮我一个大忙了。

萨尔： 首先，空气有重量，而不是像某些人认为的那般轻若无物（轻量这种属性也许并不存在），亚里士多德提出的充气气球的实验完美地证实了这一点。假定空气拥有极其轻盈的内在属性，那么在压缩状态下，轻量这一属性应该增加，并且伴随压缩增强上升的趋势，但实验表明正好与此相反。至于另一个关于如何测量空气比重的难题，其实已经被我解决了。具体操作是这样的：取了一个容量大、瓶颈窄的玻璃瓶，用一皮帽牢牢地绑于瓶颈，在皮帽顶部插入并固定一个阀门，通过该阀门可以用注射器向瓶中泵入大量空气。我把大约是瓶子容积 3～4 倍的空气推入瓶中，然后用一个高精度的天平精确称量这只带有压缩空气的瓶子，在天平的另一个盘子里放上细沙校准砝码。随后打开阀门放出瓶里的空气，重新称重后发现瓶子变轻了，须去掉一些沙子才能使天平恢复平衡。毫无疑问，移去的沙子的重量就是被刻意泵入瓶中后又跑掉的空气的重量。

到目前为止，实验只告诉我瓶中的压缩空气与从配重中取出的沙子一样重，但未有明确告知空气相对于水或任何其他已知物体的重量或密度。为了寻求答案，我必须测量引入容器的空气量，我设想以两种方式进行这项研究。

第一种方法是取另一个类似于前面的具有狭窄瓶颈的瓶子，在瓶颈上套一个皮帽，皮帽末端插入另一个长颈瓶的阀门。这第二个瓶子的底部有一个洞，用一根长长的铁丝通过这个洞，需要时可利用这根铁丝打开前面提到的阀门，从而允许另一瓶中的多余空气在称量过后排出。但第二个瓶子里装满了水。一切准备就绪，我们用铁丝打开阀门：当它流入水中时，空气会把它推到底部的孔中，显然这样排出的水的体积就等于从第一个瓶子中跑出的空气体积。然后可以收集这些水，如同前文所述的那样，移去多余的沙子使第一个瓶子再次变轻。沙子的重量相当于和被排出和收集的水等体积的空气的重量。称量这些水就能明确得出水比空气重多少倍，不是像亚里士多德认为的那样重10倍，实验证实了水比空气重400倍。

另一种方法更简单，只需要准备一个前面提到的瓶子。不需要补入压缩空气，而是强行注入水且不让空气逸出，因为空气必须给水腾出位置，这样一来就创造出类似压缩空气的效果。在注入尽可能多的水之后（毫不费力就可以填满四分之三的瓶子），把所有东西都放在天平上精准称重。接着转动瓶口朝上，打开阀门让空气排出，逸出的空气体积精确地等于包含在瓶中的水的体积。完成此操作后再重新称量瓶子，由于空气逸出的关系，瓶子变轻了；减去无关紧要的配件重量，由此得出与瓶中所含水的体积相等的空气体积的重量。

辛普：你的实验展现了巧思和独创性，确实满足了我的好奇心，但同时也让我陷入尴尬。毫无疑问，元素在它们所处的介质中既不轻也不重，我无法理解和4打兰沙子同重的空气怎么能在空气中称得这么大的重量。在我看来，实验不应该在空气中进行，而应该在空气无法发挥其重力的元素中进行，如果这样的重量性质确实存在的话。

萨尔：辛普利西奥提出的异议很有意思，如果他能想到一个解答方法，那一定会同样有趣。很明显，当空气处于压缩状态时，其重量相当于给定数量的沙子；但和沙子不同的是，空气一旦释放到它的自身元素中就不再有任何重量。若要按辛普利西奥的意愿开展这项实验，就要选一种让空气也可以有（不亚于沙子）重量的介质。但是考虑到现实情况，正如我们已经多次探讨过的事实一样，浸入介质中的每个物体的重力减少的量等于被它置换的等体积介质的重量（因此空气消除了空气中的所有重力），为了保证实验的精确性，所有操作都应该在真空中进行，这样一来重体的重量才会在绝无损失的前提下发挥作用。辛普利西奥，如果我们真的做到在真空中称量一部分空气，你会放下疑惑，认可这个事实吗？

辛普：当然相信，但我又觉得我的要求不太可能实现。

萨尔：当你看到我凭着对你的爱护之心完成了一些不可能的事情，一定会打心底感激我。但我无意把已经给你解释过的内容再重复一遍，在前面所展示的实验中，我们对空气的称量既不在空气中也不在任何其他百分百的介质中。物体浸没的介质因其对物体打开、推向旁边和最终向上举起而产生一系列阻力，从而会除掉部分物体的重力。证据就是物体刚离开介质，流体就迫不及待地就冲进介质并迅速填满原先被物体所占据的空间：如果这一沉浸不影响介质，那它就不会给被沉浸的物体以反作用。现在你可否告诉我：当你持有一个已经充满了自然含有空气的瓶子时，然后硬行往瓶子泵入额外的空气，这些额外注入的空气会对外部空气造成什么样的分裂或排挤？简而言之会产生什么样的变化呢？它是否会膨胀并迫使周围空气撤出以腾出空间？明显不是。因此，我们可以说添加的空气不会沉浸在周围环境中，因为它不占用空间，发生的一切就仿佛置身于真空中一般；我们的的确确把它放置在了真空中，因为它潜入了一个没有完全充满非浓缩空气的空间中。我看不出容器中的介质与周围环境的介质有什么区别：它们都不会对彼此施加任何压力，空气就好像处于真空中一样。因此，添加到瓶子中的空气的重量与它在真空中的重量相同。确实，用来平衡的沙子在真空中会比在自由空气中的重量要大一点。我们必须承认：被称重的空气比它的配重沙子要轻一点，其重量差等于与沙子同体积的空气在真空中的重量。

萨格：[21]这番讨论实在妙不可言，而且解释了一个重大难题，向我们清楚地阐释了如何在空气中称一个物体，以求得它在真空中的重量。具体解释如下：任何放置在空气中的物体都会损失一定的重力，损失量与相同体积的空气同重：如果在物体不膨胀的情况下增加与其等体积的空气并对其称重，就能求得它在真空中的绝对重量，因为无须增大它的尺寸，它在浸没它的空气里损失的重量会自动补偿。当一定量的水加入已经自然充满空气的瓶子中时，不会允许空气逃逸出去，显然这些被困住的空气为了给水腾出空间被压缩并凝结成更小的体积。同样显而易见的是，压缩空气的体积等于注入的水的体积。在确定并记录下瓶子的重量后，我们释放压缩空气并再次称重，因有空气逸出的缘故，第二次称得的重量自然有所减轻，通过测算两次称重之差获得压缩空气的重量，其体积与水相同；然后只取水的重量加上压缩空气的重量，我们将得到这些水在真空中的重量。为了求得水在空气中的重量，仍然需要将水从瓶子中取出后单独称量瓶子的重量，然后用瓶与水加在一起的总重减去瓶重，从而得出单独的水(在空气中)的重量。

辛普：如果说先前的实验中尚有些许遗憾，那现在的实验就完全弥补了。

萨尔：到目前为止，我所说的一切，包括重量差异，即使是非常大的重量差异，对于落体速度差异都不发挥任何作用，所以如果重量是产生运动的唯一原因，所有物体都会以相同的速度下落。这一切都是那么新奇，乍一看与公众常识相去甚远，巴不得赶紧公开，但是我又觉得必要的佐证实验和论据都不能落下。

萨格： 不光如此，你的许多言论与大众普遍接受的观点和学说相去甚远，一旦传播到公众中，必会招来大量的反对者，因为人们天生不喜欢那些站在他们立场无法看清的真理或谬误。他们把这些人称为“学说的革新者”，一个在许多人听来有点刺耳的头衔。他们会试图粗暴剪断不知道如何解开的谜团，不惜掘土挖坑只为拆除耐心工匠造就的建筑物。对于毫无建树的我们，你先前的实验和论据足以让我们安心，但是，若你摆出更为明确的实验和其他更具说服力的论据，我们也乐于洗耳恭听。

萨尔： 要设计一个实验来验证两个重量差异极大的物体从给定高度下落的速度是否相同，是个特别困难的事情。如果高度相当可观，被落体穿透的介质对非常轻的物体运动造成的减速效果相对极重物体更为显著，因此较轻的物体下坠途中将落后一截；但是在较小的高度上，这两者速度没有区别，或者即使有也是微不足道的。

于是我试过多次从较小高度抛下物体来收集到达时间的不同数值，并把这些时间加总在一块儿以增加测量的灵敏度。为了让运动放缓使差异更明显，我还试过把运动物体放置在比水平面稍微倾斜的平面上：在倾斜的平面上，可以观察到两种不同重量的物体运动行为不亚于在垂直面中。在进一步的实验中，我想方设法摆脱运动物体与上述斜面接触时的摩擦阻力。最后拿了两个球，一个是铅质的，另一个是软木质的，铅球比木球重 100 倍，两个球都悬挂在两条长度相等，约 4～5 臂长的线上；我把两个球都从垂线移开，在同一时刻放开它们，这样它们就穿过了一条圆周弧，经过垂线然后沿原路返回；两者都在同一条路径上来回摆动了 100 次，我很清楚地看到重的铅球和轻的木球耗费的时间完全一样，还可以观察到介质对运动的阻力效应：木球的振动幅度与铅球的振幅相比减小，但两者的频率在任何情况下都不会变得更高或更低——即使当木球所扫过的弧度不超过 5°或 6°，而铅的弧度则为 50°或 60°时，两个球的摆动依然表现为等时的。

辛普： 但是，既然铅球的振幅达到 60°，而木球仅为 6°，那么铅球的速度怎么可能不比木球的速度快呢？

萨尔： 辛普利西奥，如果我告诉你，即使木球与垂线拉开 30°因而在一个 60°弧上摆动，而铅球从 2°角开始扫过 4°的弧度，它们运动所需要时间依然相同，你会如何作答？莫非木球的速度成比例得更快吗？这是实验证明的事情之一。还要注意的是，让铅球摆拉到与垂线成 50°角，它就描绘出一条约 100°的弧线，在往回摆时它描绘出另一条稍小的弧线，并在多次摆动之后归于静止。每一次摆动都花费相同的时间，由此造成摆的速度越来越慢，是因为在相等的时间间隔内通过的弧越来越短，但摆动时间还是保持相等的；挂在同样长的绳子上的木球也会发生类似的事情，但在振动寥寥几次后就会停止，因为它重量很轻而且更难以克服空气阻力；所有或大或小的摆动都需要相同的时间，这些时间都等于铅球的摆动周期。如果铅球经过 50°弧而木球只划过 10°弧，则铅球更快，反之亦然。但是，如果同一组物体在相等时间内划过相等的弧长，则可以断言它们的运动速度是相等的。

辛普：这段话在我看来是有几分可作定论，但还差了那么一点。现在我脑子里乱作一团，一想到不同的物体的运动速度时而快、时而慢，我简直无法理解它们是如何做到速度始终相同的。

萨格：让我说几句吧，萨尔维亚蒂。辛普利西奥，你告诉我，你是否确实认可木球和铅球只要它们都是从静止的同一时刻启动，朝着相同的倾斜方向移动，并在相同的时间内行进在相同的空间，它们的运动速度每次都是相等的？

辛普：这是不容置疑的，甚至是无法反驳的。

萨格：现在，每个摆球时而从 60°下降，时而 50°，时而 30°，或 10°、8°，抑或 4°，甚至 2°，如此等等。当两个摆都描绘一个 60°的弧时，它们是在相同的时间内完成摆动的，对于 30°、10°和所有其他度数的弧，它们的摆动速度也彼此相等。因此，我们总结出：当弧度相等时，铅球摆的速度和木球摆的速度相同。但这并不意味着 60°弧上的速度与 50°、30°或其他度数的弧上的速度相同；相反，由于摆动时间相同，沿着越小的弧摆动，速度就越慢。因此，即使铅球和木球随着弧度减小而减慢它们的运动速度，它们在相同的弧上也具有相同的速度。

我提出这些细节是为了验证自己究竟有没有正确理解萨尔维亚蒂的论点，并不是因为辛普利西奥需要一个更加清晰的讲解，因为萨尔维亚蒂一如既往地解释得清清楚楚，他总是驾轻就熟地解决一看上去显得晦涩难懂的问题，并运用推理、观察或熟悉的实验来揭示真相。然而，据我所知，他的研究方式遭到一位备受人尊敬的老师的诋毁，称这些研究太过平庸，过分依赖于低级和庸俗的原则，似乎对于他而言，一门从为大众知悉、理解和承认的原则诞生和发展而来的示范性科学是不值得钦佩和尊重的。

让我们继续细细品味这些清淡的食物：如果辛普利西奥宣称自己满意并承认落体的重量不会以任何方式改变运动速度，请萨尔维亚蒂告诉我们，是何种原因造成了明显的速度不等呢，并请对辛普利西奥的强烈反对予以回应，我也持有相同异议，即我们看到炮弹下落的速度比小弹丸快，即便它们材料相同。如果在这种情况下速度差异很小，我再提出一个惊人的案例来说明由相同材料制成的物体具有非常不同的速度：沙子，尤其是那种使水浑浊的，细到不行的沙子几个小时内下落不到 2 臂距离，这是大不了多少的鹅卵石在一次脉搏时间内通过的距离。

萨尔：我已经解释了发生运动的介质对比重较低的运动物体会产生何其重要的减速作用，而对比重较高的运动物体则不具备相应的减速作用。若要解释相同的介质如何以不同的方式降低由相同材料制成仅尺寸不同的物体的速度，需要展开更细致的探讨。

在我看来，唯一可能的解释与固体表面常见且不可避免的粗糙度和多孔性有关。在运动过程中，这些粗糙的地方撞击空气或发生运动的介质（证据就是物体，甚至是最圆润的物体在空中快速移动时伴随的嗡嗡声。此外，如果在其表面上有一些大的孔洞或凸起，不仅能听到嗡嗡声，还能听到咝咝声或口哨声）。还会看到，任何固体，即便是圆形的固体，在转动时都会产生一点风。我们难道没有听到陀螺高速旋转时发出的甚为尖锐的哨声吗？当旋转减慢时，这种咝咝作响尤为明显，这就是物体表面，即使是极其微小的粗糙度遇到空气阻力的证据。空气与这些凹凸不平的粗糙面发生的摩擦，毋庸置疑地会降低落体的速度，表面愈大，这种现象就愈发明显，较小的物体与较大的物体相对比就呈现出这般情况。

辛普：请暂且停一下，我彻底糊涂了。尽管我理解，也承认介质与运动物体表面产生的摩擦会减慢运动速度，而且当所有其他条件都相同时，如果表面越大，速度减慢得越明显。但我不明白你为什么声称较小物体的表面较大，如果正如你所说，较大的表面会导致更为显著的减速，那么较大的物体应该运动得更慢，而这是并非事实。若是我们考虑到较大的物体尽管具有较大的表面，但也具有较大的重量，那么这个异议很容易被反驳：大表面肯定不会比小表面对较轻的物体造成更大的阻力。最后，我还搞不懂为什么你提到的效应会造成速度差异，因为重量促发了运动，任何重量的减少都与表面减速能力的减少等量对应。

萨尔： 我会连同你的难题一并解释。辛普利西奥，你似乎会不假思索地承认，给定两个形状相似、材质相同的物体，如果大小物体重量的减少都按与表面减少等比例地发生，那么两者下落的速度则是相同的。

辛普： 理应如此，我接受你的观点，即如果忽略阻力，重量对运动既没有加速也没有减速的效果。

萨尔： 我完全赞同你所说的：如果物体的重量减少程度大于其表面减小的程度，落体运动会有所延迟；两者的差值越大，落体的运动延迟越厉害。

辛普： 我正是这个意思。

萨尔： 辛普利西奥，你要知道固体表面与重量等比例减小，同时还要保持形状相似是不可能的：在固体的尺寸缩小时，重量与体积等比例变小，但若要保持相似的形状，其体积会减小得比表面积要快。几何知识告诉我们，在相似的固体中，体积之间的比例比表面之间的比例更大，现在我举一些特别的例子向你解释。

例如，想象一个边长约 2 英寸的立方体，因此它的一个面的面积为 4 平方英寸，而总表面积，即 6 个表面的面积之和为 24 平方英寸。然后想象把这个立方体锯 3 次后分割为 8 个小立方体：每个小立方体的面为 1 平方英寸，因而每个小立方体表面积之和都是 6 平方英寸。于是，可见小立方体的表面积仅为大立方体表面积的四分之一(6/24)；但同一实心立方体本身的重量只有大立方体的八分之一。因此得知，体积，从而还有重量，比表面缩小得更厉害。如果你把小立方体一分为八，将得到每个立方体 1.5 平方英寸的总表面积，占大立方体原始表面积的十六分之一，但它的体积只有原始体积的六十四分之一。你已经见证了两次分割过程中体积是如何减少的，结果是其表面减小为四分之一；如果我们继续分割直至第一个立方体细小如尘埃，我们会发现最小粒子的重量比它们的表面减少了数百倍。我以立方体为例向你解释的事实也将发生在所有形状彼此相似的固体身上。给定一个线性维度 L，并设 V 为体积，S 为表面积，我们得出：

$$S \propto L^2; V \propto L^3$$

因而

$$\frac{V}{S} \propto L$$

请看在小物体和在大物体的运动中，物体表面与介质接触的所产生的阻力以多大的比例增加；如果我们补充说道，微细粉末的极小表面的不规则性，并不比经过仔细抛光的较大固体表面的不规则性小，你就会看到介质的流动性多么强，面对固体毫无抵抗地让出通道，因此较小的物体不会减速。对此，我想再次强调刚才说的较小固体的表面比较大固体的表面大，我对此没有一丝犹疑。

辛普： 这下我彻底信服了。如果真得回炉重造，我想听从柏拉图的建议，从数学开始学习。数学是一门非常严谨的科学，严谨到只承认那些经过严格论证的事情。

萨格： 萨尔维亚蒂，我颇为欣赏你的推论。在继续讨论之前，我想听听你对一个术语的解释，这个术语让我耳目一新。你还说过相似固体的体积和表面积之间的比例关系就像线性尺寸一样。

萨尔： 我的意思是体积随着线性维度的立方增长，而表面积随着其平方增长。

萨格： 我理解，而且非常喜欢这个推理。我想梳理一些细节，但我担心如果我们继续一而再，再而三地离题，会忽略谈话伊始提出的问题，即固体对抗断裂抗力的各种性质。请重新回到我们的主线问题上吧。

萨尔： 你说得很对。我们已经耗费太多精力去探讨研究五花八门的事情，而留给核心问题的时间已所剩无几了。这个问题必须通过严谨详细的推演来解释。因此，我认为最好将讨论推迟到明天，这样我可以带几张纸来。关于这个问题各方面性质的定理，我已经在笔记本上一一记录了下来，我担心仅凭记忆会遗漏一些东西。

萨格： 我完全赞成你的提议，在结束今天的谈话之前，我也希望解决对当前话题中的一些疑问。其中一个疑问是，介质的阻力是否足以将材质非常重、体积非常大的球形物体的加速度降到零。我说球形是为了选择在最小表面下包含最大体积的物体，因此较少受到延迟阻力。另一个疑问是关于摆的振动的。关于这个疑问存有几个观点：一个是所有的振动，无论大、中、小，是否都在相同的时间内发生；另一个则关于悬挂在不等长摆线上的摆振动时间的比例。

萨尔： 这些问题很美妙，不过恐怕就像所有其他情形一样，其中任何一个问题都会引发后续稀奇古怪的讨论，我不知道今天剩下的时间是否足够解决它们。

萨格： 如果这些事情和前面的讨论一样精彩有趣，我乐意改日再找时间探讨，而不是只占用今天黄昏前所剩无几的时间，我相信辛普利西奥也不会感到厌倦。

辛普： 当然不会，尤其当涉及其他哲学家鲜有提及的物理问题时。

萨尔： 所以我们回到第一个问题，介质的阻力是否足以将材质非常重、体积非常大的球形物体的加速度降到零呢？我可以毫不犹豫地断言，不存在一个体积如此之大、材质如此之重的球体，介质的阻力无法将其加速度降至零，也无法使之保持匀速运动。关于这点我们可以通过实验加以有力的验证。

如果一个下落的物体随着持续在介质中运动而获得任意想要的速度，它不可能从介质之外的外力获取如此大的速度，大到由于介质阻力而再失去一些速度。假设一枚炮弹从空中落下 4 臂的距离，获得了比方说 10 度的速度，并且以这个速度落入水中，入水后要么继续增速，要么保持匀速运动。但观察到的事实恰恰相反，区区几臂深的水也会降低炮弹的运动速度，使之轻轻撞击河床或湖床。既然在水中的短距离下落就会削弱炮弹的部分速度，就算下落到 1 000 臂之深也无法获取理想的速度。还可以看到，从大炮发射的炮弹，其巨大动量被深度不到几臂水的介入削弱了，以至于它就算击中了一艘船也未能造成任何损毁。

空气也可以减慢落体的速度，即便这个物体分量极重。我们借助观察不难理解：如果从一座非常高的塔顶用火绳枪向下射击，子弹对地面的冲击不如从 4 臂或 6 臂高度开火时那般强烈——从塔顶发射的子弹在穿过空气过程中降低了速度，因而从任何高处下落都不能弥补球体被空气阻力减弱的速度。从一个非常高的高度垂直投掷的球体所造成的伤害，比在 20 臂的距离处用长炮射击造成的伤害要小。因此，我相信自然界条件下，任何从静止状态开始移动的物体，其加速度都是有限度的，并且介质的阻力会把它拉回恒量后保持不变。

萨格：我认为这些实验非常有说服力。或许反对者会质疑，从非常高的地方，比如从月球轨道或从大气层射出的炮弹，其速度会比从大炮射出的速度更快。

萨尔：反对的声音在所难免，但并非所有事情都容许反驳。从给定高度下落的物体很可能在到达地面时获得足以把它发射到同样高度的速度。如同在摆上清楚见到的，当摆从垂线位置拉至50°或60°时，它获得的力量和速度足够让它通过连续且非暴力的运动，把自己推到相同的高度(减去空气阻力削弱的少许速度)。如果我们想把炮弹放置在一个足够的高度，使火药在离开炮时赋予炮弹的速度足以到达那个高度，只需用同一门大炮垂直向上射击，然后观察它回落时的冲击是否等于炮弹射击附近范围时的冲击。我相信不管从什么高度开始出发，空气阻力的"作祟"都不会让下落的自然运动达到炮口附近的速度。

现在我来谈谈关于摆的其他问题，这对许多人来说可能看起来枯燥乏味，尤其是对那些总是沉浸在自然界最深奥问题的哲学家来说。在这方面，我接受亚里士多德的思想，他认为所有的问题都值得探究。受你提问的启发，我自认也可以谈谈对某些音乐问题的思考，这是一个许多显赫的人物，甚至亚里士多德本人都乐于探讨的、极其高雅的话题。关于音乐，我思考过许多深刻的问题，打算通过简单的实验来解释一些声学的奇妙特性，并希望这番探究能让你满意。

萨格：我不仅由衷赞赏，而且将极其热切地接受你的这番解释。虽说我涉猎所有乐器，并且对和音有很多深究，但我一直无法解释为什么我对某一个和音的喜欢超过另一个，为什么对有些音调的组合不仅谈不上喜爱，甚至厌恶不已。然后我没能解决两根弦绷紧齐奏的问题，使得一根弦与另一根弦的声音产生共鸣，此外，我对和音的不同方面和其他细节也不甚清楚。

萨尔：让我们看看能否从摆中找到解决这些问题的方法。

至于第一个疑问，也就是说，关于相同的摆是否真的在相同的时间内完成了所有最大、平均和最小的振动，我相信从我们的院士那儿学到的知识。他证明了沿着任意弦下落的时间都是相同的，不管它们所对的弧多大，180°(即直径)的弧和100°、60°、10°、2°、0.5°和4′的弦都是一样的，这意味着这些弧都在圆与水平面相切的最低点终止[1]。如果物体

1 将在《第三天》中证明。

不是沿着弦线下降，而是沿着水平线上方的相同弦的弧线下降，且这些弧长不超过四分之一圆，它们也以相同的时间完成它们的运动，但所耗时间比通过弦线的时间更短，这是经过实验证明的事实。这种现象令人称奇，因为乍一看，人们似乎会相信发生截然相反的情况，毕竟运动的终点是共同的，而两点之间直线最短。

至于悬挂在不等长细线上的物体的振动周期 T，它们与细线长度 L 的平方根成正比，因此如果希望一个摆的振动周期是另一个摆的 2 倍，那就应当使其悬线长度是另一个的 4 倍，依此类推。

萨格： 如果我理解正确的话，当悬线的上端遥不可见，而只看得见下方的端点时，我依然能够计算悬挂在任何高处的绳索的长度。譬如，在绳索的下方端点挂一个适度的重物并让它来回摆动，请一个朋友对其摆动计数，而我在同一时间内数悬线长度为 1 臂的另一个摆的振动次数。通过同时比较这两个摆的振动次数，就能求得弦长即绳索长度。

$$T \propto \sqrt{L}\ ;\ L \propto T^2 \tag{6}$$

假设在我的朋友数到长弦的 20 次振动时，我数到我的弦振动 240 次，周期的比例就是 12，弦长即为 $12^2 \times 1$ 臂 $=144$ 臂。

萨尔： 尤其当你测量的振动次数是一个很大数目时，误差不会超过一掌宽。

萨格： 你又一次慷慨大方地赐予我欣赏大自然精妙绝伦的机会：从平凡普通，甚至可谓微不足道的事物中抽丝剥茧出令人惊叹不已的新知，而且往往超出人的预知。我经常有机会关注振动现象，特别是在教堂中，有人无意中启动的、悬挂在长绳上的灯的摆动。我从这些观察中竭尽所能得出的结论是，让空气介质维持类似的运动是不可能的，这种观点中空气必须具有很大的智慧，而且除了花费数小时来维持悬挂的重物规律性平衡外无事可做。我永远不会得出这样的结论：悬挂在 100 臂长的绳索上的同一个重物，花费相等的时间穿越一个非常小的弧线和一个非常大的弧线。这在我看来这几乎是不可能的。我十分有兴趣听这些同样简单的现象如何解释我们正在讨论的声学问题，至少满足我的一些好奇心。

萨尔： 首先要注意一点，每个摆都有一个精确稳定的自然振动周期，不可能让它随着别的周期运动。对着一根挂有重物的绳子，试图增加或减少它的振动频率都纯属白费功夫。然而，即使是沉重而静止的摆，靠吹风就足以让它产生运动，如果按照它的振动规律继续吹风，其运动幅度就会变得非常之大。我的意思是，例如，如果通过第一次吹风将它从垂直方向移开一根手指的幅度，当摆返回并开启第二次摆动时再吹一阵风，它就将获得一个额外的动力。当摆向我们靠近时屏住不吹（因为在这种情况下风会阻碍运动），并且通过多次重复吹风赋予摆极大的动力，只有比吹风更大的力介入方能让它停摆。

萨格：我早在童年时期就观察到，一个孤独的人是如何选择恰当的时刻用猛力敲响一个很重的钟，后续有4～6个男人抓住绳子企图让大钟停止晃动，他们却被绳子从地面拽了起来。他们一起也无法抑制前一个人仅凭一己之力就能精准控制的动量。

萨尔：我有一个想法，也许你的这番推理可以帮助解释一个与里拉琴或大键琴的弦有关的问题。一根弦与另一根弦同音时会产生共鸣，差一个八度或五度时亦如此[1]。琴弦一经拨动立刻振动，只要能感知到声音，它就会继续振动；这些振动和波反过来再振动周围的空气，冲击同一乐器和邻近乐器的所有琴弦。一根被调到同度的琴弦受到拨弹时就以同频振动；经历第一次冲击时轻微摆动；在2次、3次、20次或更多次冲击后，它最终具有与第一根弦相同的振动，且它的振幅与引导的琴弦一致。

这种波振动不仅会导致琴弦振动，还会导致任何能够以相同周期颤动和波荡的物体振动。举例来说，将丝带或任何其他柔韧的小物件系在大键琴的侧面，然后演奏乐器，当我们触摸到具有相同振动周期的弦时，这些物件里有时这一个颤动，有时那一个颤动。其余物件则不会相应这般振动，做出相应振动的物件本身也不会跟随另一物件的声音而振动。假如有人用弓拉古提琴上的低音弦，并且把它靠近一只单薄的酒杯，其音调与琴弦一致的话就会振动，并发出可被听见的共鸣声。在装满水的玻璃杯中可以清楚地见证浸入谐振体的介质的波纹传播的事实，用一指尖轻敲杯身，一指在杯缘滑动来引发振动：水中形成了一系列极其规律的波纹。若将玻璃浸没入一个相当大的容器底部，这种现象会更好地理解：我们看到波浪在水中非常有规律地形成，然后在很

1　同音：琴弦具有相同的基本振动频率。八度音程：弦的频率是第一个八度的一半（较低的八度）或2倍（较高的八度）；较高的八度可以通过将初始弦锁定在中间，并摆动两个半弦中的一个来实现的。（高）五度音程：弦的频率等于第一根弦的3/2；高五度可以通过如阻断初始弦的三分之一和摆动较短的一半来实现。

远的地方扩散开来。我看到过好几次类似的现象，当时我正在振动一个几乎完全装满水的超大玻璃杯，首先映入眼帘的是规则形成的水波，其后观察到，当玻璃的音高突然跃升一个八度时，每一道波浪都一分为二，这一现象清晰地显示从 1∶2 的比例是八度音的正确形式。

萨格：我不止一次注意到同样的事情，因为我长期以来一直对协和音的理想形式倍感困惑——在我看来，迄今为止音乐界的学者们对于这些和音的阐释并不足以下定论[1]。他们告诉世人，协和音程，即八度音程的振动比例为 1∶2，五度音程的振动比例是 3∶2，依此类推。事实上，当我们在单弦琴上拉一根弦，先拨全弦，然后把琴桥放在中间拨动半弦，我们会听到八度音；当琴桥放置在弦长 L 的三分之一处，整根弦用它的三分之二演奏时，就弹奏出五度音；因此，他们口中的八度音程的比例介于 2 和 1 之间，而五度音程比例介于 3 和 2 之间，对我来讲这种推理似乎不具备决定性。

我来说说我的看法吧。把弦的音调变高有以下三种方法：一是把弦缩短，二是拉紧，三是使它变细。若想保持弦的张力和粗细不变，又想听到八度音阶，必须将弦缩短一半，也就是空弦发声后再让它的半长弦发声。若要保持相同的弦长和粗细，又想将声音提高一个八度，必须使用 4 倍的张力 T；也就是说如果基本音符由 1 磅的张力产生，高八度则需要附上 4 磅的张力。最后，如果想在保持长度和张力不变的前提下获得高八度音，我们就得横截面 Σ 缩至四分之一。简而言之，基于振荡的基频 ν 和材料的一致性，我们将得到

$$\nu \propto \frac{1}{l}\sqrt{\frac{T}{\Sigma}} \tag{7}$$

这个公式适用于所有音程。如果考虑长度之比为 3∶2，即五度音对应的比例，可以通过改变张力或粗细来得到，但在这种情况下，它需要三分之二的平方，即 9∶4 的比例。因此，如果基音要求 4 磅的张力，则高音就必须伴有 9 磅的张力；至于改变粗细，五度音的低音弦截面必须大一些，比例为 9∶4。

这些实验货真价实，我不明白为什么哲学家们可以对鸣奏出五度或八度音程的弦提出五花八门的别样要求。但是由于发声的弦的振动不计其数导致无法对其准确计数，我总是怀疑高八度音程的振动频率是否真的是低音的 2 倍。这告诉我，当你听到

1　伽利略在此处引用了他父亲写的关于和声的论文《古典和现代音乐的对话》(*Dialogo della Musica Antica*)，马雷斯科蒂(Marescotti)，佛罗伦萨，1581 年，第 13 页。

声音跳高一个八度时，波会变短，仅是原先波长的一半。

萨尔：这是一个相当优美的实验，它让我们能够逐个区分声音体振动所产生的波，这些波在空气中传播并引起我们耳膜振抖，继而被我们的灵魂翻译成声音。既然这些水中的波仅当手指持续动作时才能持续，后继消失，如果你能设法产生长时间持续的波，持续几个月甚至几年，振动计数不就是一件易如反掌的事了？[22]

萨格：我保证会对这样的发明钦佩得五体投地。

萨尔：我曾无意间撞见过一个类似的装置，当时我扮演的角色只是观摩和评估它的特征，并借此机会确认自己已经深思熟虑过的事情。这是一个很平常的设备。我为了去除黄铜板上的一些污渍，用一把锋利的铁凿子快速刮擦，有一两次我听到了相当响亮而清晰的嗞嗞声。仔细地观察后，我注意到一排长长的精细的条纹，彼此之间平行、等距地排列着。我用凿子又刮了几下，发现只有当黄铜板子发出嗞嗞声时才会在表面留有痕迹。当刮擦没有伴随着这种嗞嗞声时，板子上不见丝毫痕迹。多次重复这样的把戏，磨刮速度时快时慢，啸声的音调也相应地时高时低。我还注意到，当音调较高时印刻的标记更紧密，而一旦音调变低，标记亦疏离拉开。通过观察还能得知，在单次度磨刮过程中，当速度接近极限时声音就变得更加尖锐，条纹也越来越密，但始终清晰且保持等距。而且，每当一记磨刮伴随着嗞嗞声时，我都会感到手中的凿子在颤抖，一阵战栗穿过手中。这有点像耳语后大声地呼喊：当呼吸没有发出声音时，人感觉不到喉咙或嘴里有任何讲话的动作，不像在喉部和喉咙上部发声时那样，尤其当音调低而声音响亮时。

有时我也在大键琴上观察到有两根弦与刮擦产生的两个音调同度；在音调差异最大的那些弦中，我找到 2 根间隔五度音程的弦。观察两次刮擦产生的标记的间隔距离，测出其中一个间隔包含 45 个标记，另一个间隔则含有 30 个标记，这恰好是五度音 3∶2 的比率。

但是现在，在继续下一步讨论之前，我想请你们关注一个事实，即在三种提高音调的方法中，与琴弦粗细有关的方法应该归结于重量 w。只要材料不变，尺寸和重量都是按相同比例变化的。因此，在肠弦的情况下，我通过把一根弦加重 4 倍得到一个低八度的声音。对于黄铜弦的情形也一样，但是如果想利用黄铜弦获得比肠弦低八度的音，所采用的方法不是让黄铜弦比肠弦粗 4 倍，而是重 4 倍。总之如下：

$$\nu \propto \frac{1}{l}\sqrt{\frac{T}{\mu}} \tag{8}$$

其中，μ 为每单位长度的重量。

$$\mu = \frac{w}{L} = \frac{w\Sigma}{L\Sigma} = \frac{w\Sigma}{V} = \gamma\Sigma$$

其中，γ 为材料的比重；w 为重量。

因此，对于相同的音符，黄铜弦可能比肠弦更细。因此，如果在一架大键琴上安装金弦，而另一架琴上安装黄铜弦，且对应的琴弦具有相同的长度、直径和张力，则带有金弦的乐器的音调会比另一种低五分之一左右，因为金的密度几乎是黄铜的 2 倍。值得注意的是，对运动变化提供阻力的是运动物体的重量而非尺寸，人们乍一想可能会得出相反的结论。大而轻的物体在把介质推到一边的运动中比小而重的物体会经受更大的减速，这个推论看似合理，而实际却恰恰相反。回到方才讨论的话题，我说音程的比率不是由琴弦的长度、大小或张力直接决定，更确切地说是由它们的振动频率的比率决定的，也就是冲击耳膜的空气波动次数起决定性作用。琴弦的振动引起耳鼓同频率振动。

确定这一事实后，我们或许可以解释为什么某两个音高不同的音符产生令人愉悦的效果，而另一对音符产生的愉悦则不那么明显，某一对音符甚至令人不快。这一解释或多或少地等价于对完全协和音和不协和音的解释。我相信后者产生的不悦感觉来自两种不同音调的不和谐振动，它们不合时宜地冲击耳膜。特别刺耳的效果源自频率不相称的音符之间的不谐和音。这种情况发生在两根同音弦以不同长度演奏，其中一根的长度比另一根短$\sqrt{2}$倍时，不和谐的音效就产生了[1]。

所谓协和音，即有规律地冲击耳鼓的一对声音。这种规律性在于，两个音调在同一时间间隔内传递的脉冲在数目上必须是相称的，以免耳鼓膜饱受煎熬，否则耳鼓会为了跟随始终不和谐的脉冲向不同方向弯曲。第一位也是最令人愉快的和音是八度，因为低音弦每给耳膜一次脉冲，高音弦会给出两次。因此，在高音弦第二次振动时，两

1　在调和音阶（如钢琴音阶）中，我们通过不区分白键和黑键地弹奏两个相隔 6 个键的琴键来实现这种不协和音，也就是把一个八度分成两个和声上相等的部分。这种不协和音被称为三度音程，根据中世纪的和声理论家们，如圭多·阿雷佐（Guido d'Arezzo）的看法，不协和音是绝对要避免的，它还被称为“魔鬼”。今天，我们更加宽容，我们在伯恩斯坦《西区故事》（*West Side Story*）中咏叹调《玛丽亚》（*Maria*）、《辛普森一家》（*Simpson*）的主题曲和救护车的警报声中都能听到这种声音，而不会受到太多干扰。

次脉冲同时进行，使得全部脉冲次数的一半是同音的（当两根弦同音时，它们的振动总是一致的，效果和单根弦一致，所以我们不将同音称为和谐音）。五度音也令人愉悦，因为低音弦每振动两次，高音弦就振动三次，考虑高音弦的全部脉冲次数，三分之一的脉冲是同度的，也就是说，在每一对和谐振动之间介入两个单一的振动。在四度音中会介入三个，而在比例为 9/8 的所谓二度音中，高音弦每振动 9 次时两音才能和鸣，其他情形下都不甚和谐，从而对耳朵产生干扰，这些就是所谓的不和谐音。

辛普：恳请你解释得更明白一些。

萨尔：设 AB 线为低音弦的振动长度，CD 线为高音弦的波长，它是 AB 的高八度，并将 AB 的中心设为 E。两根弦分别从端点 A 和 C 开始运动，当高音弦的振动到达 D 时，另一根弦的振动仅传播到中心 E。E 非运动的终点，它不会扰动另一个端点，但扰动将送达 D。因此，当一个波从 D 返回 C 时，另一个波从 E 传递到 B，因此 B 和 C 中的两个扰动同时撞击耳膜并继续类似的振动。我们就此得知，一根弦交替发出扰动而另一根不是，振动到达 C 和 D 与到达 A 和 B 是同时的。

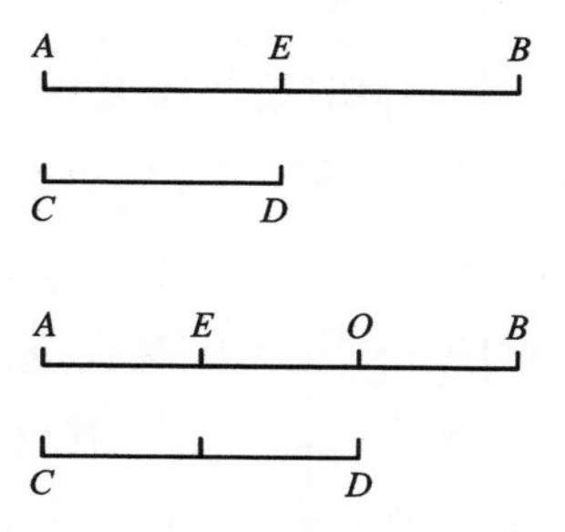

现在让 AB、CD 两个振动产生五度音程，振动频率为 3/2；插入点 E 和 O 将低音弦的线 AB 分成三等份，振动同时从端点 A 和 C 开始。显然，当 CD 的振动达到 D 时，AB 上的波只会达到 O；因此，耳膜只接收到来自 D 的脉冲。之后，当一个振动从 D 回到 C 时，另一个振动从 O 到 B 再返回 O；B，尽管作为一个孤立的扰动，却以反调的方式振动耳膜（这是一个有趣的现象，因为它距离另一个扰动的时间只有 OB 的一半）。继续从 O 返回到 A，同时 C 传递到 D，观察到在 A 和 D 的两个脉冲结合在一起。这样的周期反复出现，也就是说，低音弦的孤立脉冲在高音弦的两个不成对的单独脉冲之间插入。因此，将时间划分为多个间隔，也就是分成最小的相等部分，在前两个时刻中，在 A、C 中产生的一致的扰动传递到 O、D 那么远，并且在 D 产生脉冲；在第三和第四个时刻，从D回到C，并且在C产生脉冲；从O经过B再返回到O，在B产生脉冲；最后在第五和第六个时刻，从O和C行进到A和D，同时产生脉冲。脉动将以这样的顺序分布在耳鼓膜上，两根弦在同一时刻启动脉冲，两个时刻后，耳膜将受到一个孤立的冲击，在第三个时刻受到另一个孤立的冲击，在第四个时刻受到一个孤立的冲击，两个时刻后，即第六个时刻受到两个冲击。一个周期就此结束，然后重复数次。

萨格：我无法再缄默不语了，看到这些困扰我许久的事情解释得如此充分，我的满意之情无以言表。现在我明白了为什么同音与单一的音毫无区别，也搞懂了为什么八度音程是主要的协和音，而它和同音如此相似，就像同音与其他音程那样：同音的脉冲总是一起击中耳膜，八度音程的最低音的脉冲总是有规律地伴随着最高音的脉冲。但是五度音程伴有反调，而且在成对的同时脉冲之间插入两个孤立的高音弦脉冲和一个孤立的低音弦脉冲，而这三者的时间间隔是每对弦同时发生的脉冲与高音弦孤立脉冲之间存在时间间隔的一半。在耳膜上唤起如此的挑逗和搔痒，甜美之中夹杂一丝辛辣，似乎在同一瞬间亲一下它，咬一口它。

萨尔：既然你这么喜欢这些时鲜的果实，我就介绍一种与耳朵的听觉享受类似，但是用眼睛取悦自己的方法。在三根不同长度的线上各悬挂一个铅球或其他类似的重物，但要保证最长的那根线摆动2次时，最短的线摆动4次，中间的线摆动3次（以手掌的宽度为长度单位，最长的弦长16掌，中间的弦9掌，最短的弦4掌）。将它们一起从垂线位置移开后开始摆动，将会见证一个混乱的交织，多次的相遇，但在最长的弦每一次完成第四个摆动时，三根弦会一起到达同一终点，并从那里开始重复同一个周期：这种摆动的混合发生在琴弦上时，就会将八度音程和居中的五度音程传递给耳朵。如果采用类似的装置调整其他摆的长度，使得这些摆的振动与其他协和音程的振动相呼应，我们将看到这些线一种别样的交错，但总是在特定的时间间隔和一定数量的摆动之后，所有的线都于同一时刻到达同一终点，并从那里开启另一个周期。但是，当两条或更多线的摆动是不可通约的，则它们永远不会和谐地完成一定数量的摆动后回到终点，或者如果它们在很长时间和多次的摆动之后才回归，那么视线就会在无序的交错中凌乱，听觉也会痛苦地接受空气振动的不规则脉冲，这些毫无秩序、杂乱无章的脉冲会伤害耳膜。

但是，花了那么久时间讨论无关痛痒的话题，进行眼花缭乱的演示，我们的话题已经偏离到何处了？天色入暮，而真正的主题却只蜻蜓点水而过。我们距离主题已经太过遥远，我都快想不起来刚开始作为假设和证明原理开展的讨论了。

萨格： 今天的讨论就到此结束吧，让我们的思想在夜晚得以安静地休憩，明天再回到话题之中。

萨尔： 只要你们高兴，我明天会在老时间来这里的。

第一天结束。

Second Day

第二天
对材料的抗力追根溯源

对话者：

萨尔维亚蒂(Salviati，简称“萨尔”)

萨格雷多(Sagredo，简称“萨格”)

辛普利西奥(Simplicio，简称“辛普”)

萨格: 我和辛普利西奥在等你的时候回忆起昨天讨论的细节，这些思考为听你接下来对固体抗力的解释做好了准备。物体的抗力依赖于将其各部分连接在一起的内聚力——它们只有在强大的拉力推动下才会彼此分离。接着我们试图寻求造成这种在某些固体中坚不可摧的内聚力的原因，思考了真空恐惧的可能性之后，我们一而再再而三地偏离主题，漫长的题外话占用了一整天的时间，这反而偏离了研究的初心。

萨尔: 我全都记得清清楚楚。回到一开始的话题，固体抵抗断裂的力量当然要在固体内部寻找。这种抗力在直接受拉的情况下非常强大，而面对剪切力则相对弱势。比方说，一根钢棒或玻璃棒可以承受 1 000 磅的纵向拉力，但当以一定的角度嵌入墙壁时，区区 50 磅的重量就足以使其会断裂。我们下面要谈的就是第二种抗力，研究它在材质相同、比例相近或不同的棱柱和圆柱体中是如何变化的。我会在今天的讨论中遵循众所周知的力学原则，它们已被证明是主导杠杆行为的原理，具体来讲，力与抗力的比率等于各自施力点与支点距离的反比。

辛普: 这最早是由亚里士多德在《论机械》一书中证明的。

萨尔: 是的，严格讲究时间顺序的话，亚里士多德算是先驱，但就论证的质量而言，我给阿基米德更高的评价，因为他在关于平衡的论文中证明了一个命题，基于这个命题我们不仅可以推导出杠杆原理，还可以推导出支配大多数机械装置运作的规律。

萨格: 但是，既然这个原则是你想向我们展示一切的基础，为何不好好向我们解释一番呢？如果无须占用太多时间的话。

萨尔: 好吧，但我更想开辟一条与阿基米德略有不同的思路。

假设放在天平两臂的相等重量 w 处于平衡状态，这也是阿基米德所假设的方式[23]，然后我将证明，即使对于不等臂天平，只要臂长之比与悬挂的不等重量 w_a 和 w_b 之比相反时天平也将处于平衡状态。作为一个确凿的事实，等重物放在相等的距离上和不等重物置于与其重量成反比的距离都能维系平衡。因而，得到平衡的条件是：

$$w_a a = w_b b \tag{9}$$

其中，a 和 b 分别为重物 w_a 和 w_b 离支点的距离。

这意味着重量(和阻力)的有效性被相对杠杆支点的距离所放大。简而言之,有效量对应力矩为

$$M=wb \tag{10}$$

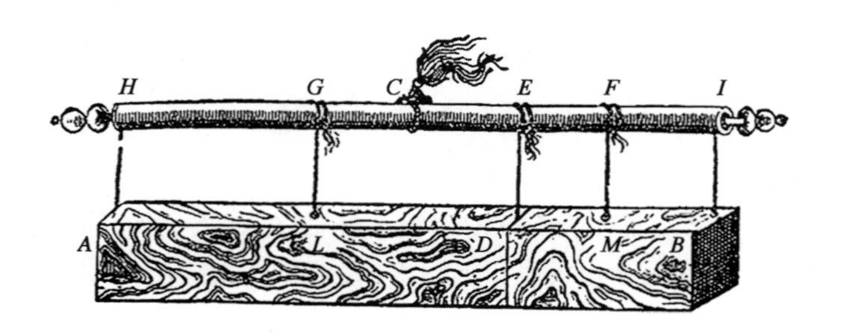

为了证明该结论,我画一个棱柱或实心圆柱体 AB,在横梁的两端 H 和 I 分别垂下两根悬线 HA 和 IB,把柱体 AB 吊起来。

很明显,如果我在横梁 HI 中点 C 用一根线把整体吊起来,天平将维持平衡,因为重物悬挂点 C 的左右两边分别承受一半的重量。

现在我们把棱柱沿着线 D 分成长度不相等的两部分,分别计为较长段 DA 和较短段 DB。再从 D 点连接一条线 ED 至梁上以支撑 AD 和 DB 两部分,系统仍将保持平衡状态。若棱柱悬线 AH 和 DE 之间的棱柱部分仅悬在其中线位置的线 GL 上,平衡状态依旧,同样的情况也发生在被中线位置的悬线 FM 牵引的 DB 部分。去掉 HA、ED、IB 三根线,留下 GL 和 FM 两根线,平衡依然不变。现有悬挂在天平的梁 GF 的 G 点和 F 点上的两个重物 AD 和 DB,只需要证明

$$\frac{w_{DB}}{w_{AD}}=\frac{|GC|}{|CF|}$$

其中,w_{DB} 和 w_{AD} 分别为 DB 和 AD 部分的重量。为了证明,将梁的长度设为 $|AB|$,$|AD|$ 和 $|AB|$ 之间的比率设为 x。我们将获得

$$\frac{w_{DB}}{w_{AD}}=\frac{|DB|}{|AD|}=\frac{1-x}{x}$$

另一方面,由于 $|AF|=1-(1-x)/2=(1+x)/2$,就此得出

$$\frac{|GC|}{|CF|}=\frac{1/2-x/2}{(1+x)/2-1/2}=\frac{1-x}{x}$$

如上所证。

原则(9)因此确立好了,在继续下文之前,我们必须考虑进力、力矩、几何形状等元素,既可以抽象地脱离它的实体材料来展开探讨,也能够具体地把物质因素纳入思考范畴。在第二个方式中我们为几何图形补充了物质因素,即重量。

取一根杠杆 BA 放在支点 E 上用来撬起重石块 D,根据刚才证明的原理可以明确得知,如果这个作用力与点 D 处阻力之间的比等于距离 AC 与距离 CB 之比,施加在端点 B 的力将足以平衡重物 D 发出的抗力。如果我们不考虑除 B 的施力和 D 的抗力以外的其他力矩,把杠杆当成非物质、无重量的东西,这套结论就是千真万确的事实。然而,若是把木制或铁铸杠杆的重量纳入考虑,比值关系就会发生变化,那就不得不换一种方式来表达了。因此,每时每刻我们都必须对自己选择的思考方式了然于心。

萨格: 看来我得违背不再离题的承诺了,但这个疑惑不消除,我就没法集中精力进行接下来的讨论。你似乎是在将 B 处施加的力与石头 D 的总重量进行比较,但石头有一部分,可能是比较大的一部分是置于水平面上的,所以……

萨尔: 我完全理解你的意思,不用说下去了。请你注意,我没有提到石头的总重量,而只是谈到了施加杠杆 BA 端点 A 上的力,这个力总是小于石头的全部重量,并随石头的形状以及石头的撬起程度而变化。

萨格: 我同意这个说法,但还有个疑点:如何算出总重量的哪一部分被下面的地平面支撑,哪一部分又是由杠杆的端点 A 支撑的?

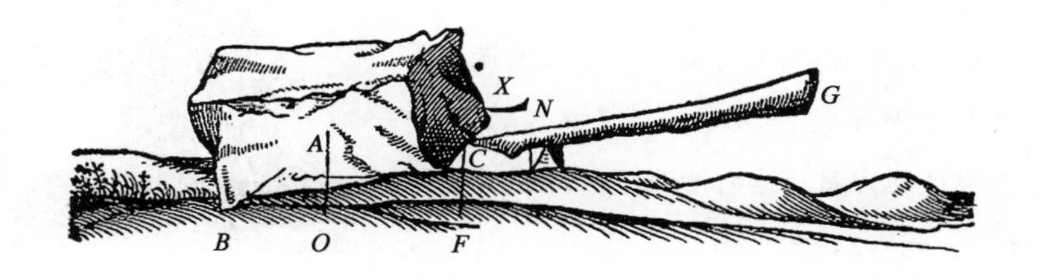

萨尔：这个问题很好解释。

我们来画一个重心为 A 重物，重物倚着端点 B 放在水平面上，另一端点 C 架在杠杆 CG 上，记 N 为杠杆的支点，G 为施力点。从重心 A 和端点 C 分别引垂直线 AO 和 CF。设 w 为重物的总重量，w_B 为端点 B 承受的重量，w_C 为端点 C 上的重量，因为总重量 A(位于质量中心 O)是由端点 B 和 C 的两个力所支撑的，故得到

$$\frac{w_B}{w_C}=\frac{|FO|}{|OB|}\Rightarrow\frac{w_B+w_C}{w_C}=\frac{w}{w_C}=\frac{|FB|}{|OB|}$$

由于

$$\frac{w_C}{w_G}=\frac{|GN|}{|NC|}$$

于是推得

$$\frac{w}{w_G}=\frac{|GN|}{|NC|}\frac{|FB|}{|OB|}$$

由此我们可以知道施加在 C、G 和 A 中的力。

让我们回到最初的论题。如果迄今为止的内容你们都明白了，那理解以下命题也就不难了。

命题：一个由玻璃、铁、木头或其他易碎材料制成的棱柱或实心圆柱体，在纵向施加重量时它们能够承受非常大的重量，有时却会被横向施加的重量敲断。这两个重量之比非常之小，相当于柱体的长度与厚度之比。

让我们设想一个棱柱 $ABCD$，在面 AB 处与垂直墙成直角固定，在另一端 E 处支撑一个重量 w_E。杠杆 BC 的一端为设于墙凹陷处的支点 B，另一端施加重量 w_E；棱柱 BA 的一半厚度的是杠杆的另一臂，沿着它分布有阻力。这一抗力由墙外的棱柱部分和墙内的部分之间的内聚力组成。由杠杆原理可以得出

$$\frac{R}{w_E}=\frac{|CB|}{|AB|/2}=\frac{l}{h/2}$$

其中，R 为抗力，l 为长度，h 为截面 AB 的长度(记另一侧边为 b，这样截面 $\Sigma=bh$)。这是我们的第一个命题。在 AB 改为圆柱体的情况下，必须把 h 视为直径，故 $\Sigma=\pi(h/2)^2$。

有理由认为，柱体与墙壁之间的黏合力所能提供的最大抗力与柱体的横截面积成正比（原因是要断开的黏丝数量随着横截面积的扩张而增加）。若称 σ_{lim} 为单位面积上的最大抗力，就会得到

$$R_{\max}=\sigma_{\mathrm{lim}}\Sigma \tag{11}$$

以上所述的内容中未曾考虑到棱柱 BD 的重量，如果要把它也算进去，那就得在重量 w_E 的基础上添加 BD 的一半。例如，如果后者重 2 磅，而 E 的重量是 10 磅，就必须把 E 的重量视为 11 磅。

辛普： 为什么不是 12 磅呢？

萨尔： 亲爱的辛普利西奥，挂在杠杆 BC 末端 C 上的重物 E，其全部重量为 10 磅。如果 BD 的重量也悬挂在同一末端，它将以全部 2 磅的重量往下施力。但是正如你所见，固体的重量均匀地分布在整个长度 BC 上，靠近端点 B 的部分比远离 B 点的部分施加的重力要小，将它们全部加起来得到的情况与重量放在重心，也就是 BC 的中心一样。起关键作用的是力矩，即力与支点距离的乘积。

辛普： 我明白了。如果我没有弄错的话，把 2 倍的重量 E 放在杠杆 BC 的中心，力矩也是一样的。

萨尔： 完全正确！我们最好记住这点。那就很容易理解当一根较粗的棍子或一个宽度大于厚度的棱柱沿其宽度方向而非厚度方向施力时，它是以什么样的方式以及以何种比例抵抗断裂的。为了清楚起见，请看下图。

左图中的最大载荷是物体 T 的重量 w_T，当它如右图所示那样平放时，比 w_T 轻的重量 w_X 就可将它扯断。考虑到在第一种情况下，支撑物抗力的作用点在线段 ca 的中间，而在第二种情况下作用点在线段 cb 的中间，并且在这两种情况下诱发断裂的力皆作用于相等的距离，相当于 bd 的长度，那么事实就很明显了。第一种情况下抗力与支点的距离要大于第二种情况：

$$\frac{w_T}{w_X}=\frac{|ca|/2}{|cb|/2}=\frac{|ca|}{|cb|}$$

这一结论与抗力强度与需要断裂的黏丝数量成正比的观点一致。我们因此总结

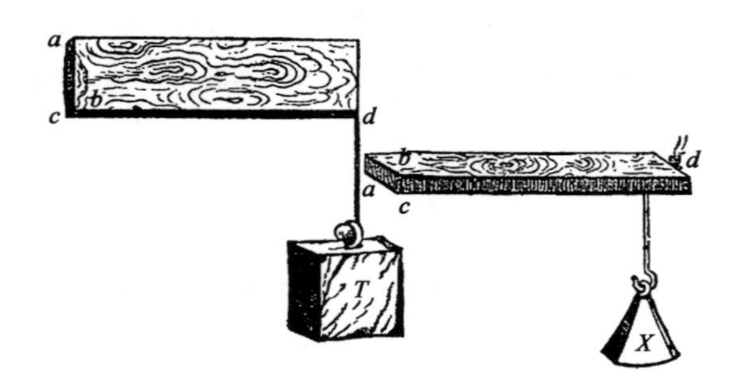

道，宽度大于厚度的棱柱，竖立比平放更能抵御断裂，两者抗力之比就是其宽度与厚度之比。

我们现在要研究棱柱的自身重量对其抗断裂性能的影响。

命题：在横截面相同的情况下，施加在悬臂上的力矩与长度的平方成正比。事实上，设 γ 为给定柱体的重量，抵御断裂所需的抗力 R 符合以下关系：

$$M = R\,\frac{h}{2} = \gamma V\,\frac{l}{2} = \gamma bhl\,\frac{l}{2} = \gamma bh\,\frac{l^2}{2}$$

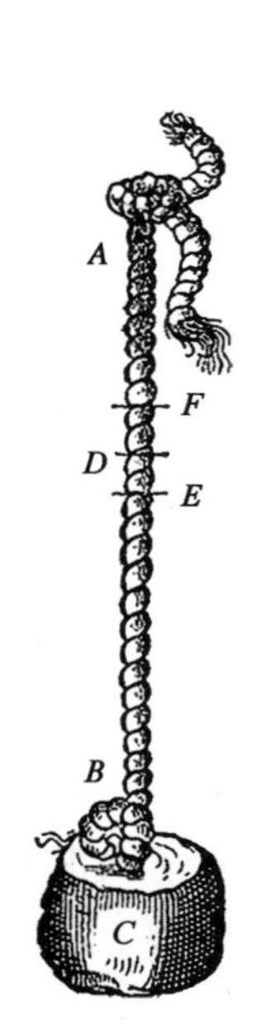

接着我们将解释，在保持相同长度和增加厚度的情况下，棱柱和圆柱体的最大载荷是按照什么比例变化的。

命题：在长度相等但厚度不同的棱柱和圆柱体中（截面相似），其抗断裂强度随着其粗细（即其底面直径 h）的立方比增加。

具体如下[1]：

$$M_{\max} = R_{\max}\,\frac{h}{2} \propto \sigma_{\lim}\Sigma\,\frac{h}{2} \propto h^3 \qquad (12)$$

从我们已得到的论证来看，也可以称，对于相同的长度：

$$M_{\max} \propto V^{3/2}$$

在长度相同的情况下，体积与底边（或直径）的平方成正比，抗力则与直径或边长的立方成正比。

1　伽利略没有考虑到材料的变形以及由此产生的应力和变形量之间的线性关系，这一点后来由胡克（1635—1703）建立。搁板在断裂前会发生变形，允许不同的部分围绕中性轴（即未受压的轴）旋转。纳维尔（1785—1836）的计算里考虑到了这种情况，但他与伽利略的计算只在数字因素上有所不同，且也完全依赖线性尺寸。所以纳维尔的计算结果和伽利略没有什么差别，如果将两颗钉子打入墙内，直径为 2 倍的那颗钉子的承重能力是另一颗钉子的 8 倍（正如萨尔维亚蒂所说）。

辛普： 在继续讨论之前我想消除一个疑问。我还没有听你解析过这样一个事实：无论是横向角度还是纵向角度看，固体的抗力总随着它们的长度增加而减小。正如平日所见，一根很长的绳子比一根极短的绳子更难承受巨大的重量。所以我相信短的木棍或铁棍能比长棍承受更大重量。

萨尔： 你讲的有一定道理。我应该没理解错你的意思，你是说比如一根 40 臂长的绳子无法像短至 1～2 臂的绳子那样支撑那么大的重量。

辛普： 这就是我想表达的，而且我认为可能性极大。

萨尔： 我认为这不仅不可能，而且大错特错。我们假设这根绳子 AB 的上端悬挂在 A 点，下端系着导致其断裂的重量 C。辛普利西奥，你说说看断裂会发生在哪个点。

辛普： 我猜断裂发生在 D 点。

萨尔： 为什么正好在 D 点？

辛普： 因为绳子的强度承受不住 DB 部分再加上石头 C 的总重量，如 100 磅。

萨尔： 只要绳子在 D 点受到同样 100 磅重量的施压，它就会在 D 点断裂。

辛普： 我觉得有道理。

萨尔： 现在告诉我：如果不把重物悬挂在绳子的末端 B 点，而是系在 D 点附近，比如挂在 E 点上；或者绳子的上端不固定在 A 点，而把它拴牢在 D 点附近的 F 点，绳子在 D 点不就一直承受 100 磅的重量吗？

辛普： 倘若你把绳子 EB 部分的重量加到 C 的重量上，D 点就会感知重量。

萨尔： 因此，假设绳子在 D 点被同样 100 磅的重量拉动，照你的意思它就会断裂；但要知道 FE 只是绳子 AB 的一小部分。你还一味坚持长绳不如短绳结实吗？告诉你吧，许多聪明人都犯了同样的错误。

且让我们继续分析一下。前面已经证明了长度相同但粗细不同的情况下，一端固定的棱柱和圆柱体的抗断裂强度随着其底面边长或直径的三次方而增大，而放在其末端的重量效应跟随长度 l 增长，长度 l 就是它距悬挂点的距离，我们由此总结出与顶点反向的悬挂末端的断裂载荷为

$$M_{\max} \propto \frac{h^3}{l} \tag{13}$$

辛普： 这些说法不但耳目一新，而且与我原先的想法相去甚远，大大出乎我的意料。我原以为相似的几何图形的抵抗力矩效应与它们的抗力具有相同的比例。

萨格： 这个证明正好解释了在讨论伊始让我摸不着头脑的命题。

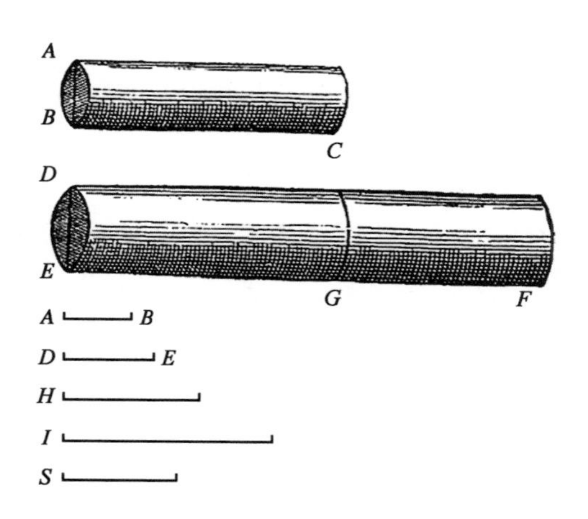

萨尔： 我也经历过和辛普利西奥同样的心路历程：曾一度以为形状类似的固体，它们的抗力也是相似的，直到一次无意间的观察使我意识到，较大的物体对剧烈冲击的抵抗力反而比较小。就好像与小男孩比起来，成年男子跌倒时受到的伤害更严重。正如我们在一开始所说的，倘若从同样的高度落下，一根大梁或柱子摔得粉身碎骨，而小型大理石圆柱或许会安然无恙。这一观察促使我研究起一个真正值得钦佩的特性，也是我即将向你们证明的事情：在类似的固体图形中，抗力和力矩之间的比例是不同的。

辛普： 你让我想起了亚里士多德在《论机械》中提出的一个论点，他试图证明为什么越长的梁越脆弱，越易于弯曲，即使短梁更细而长梁较粗也是如此[24]。如果没记错的话，他把答案归简单地结为杠杆作用。

萨尔： 你没记错，由于这个解答还不够透彻，格瓦拉主教以他博学的评注使那部作品大放异彩，为了扫除剩余的疑点他做出了更为细致的分析，但他对于一件事仍然心存疑惑——当这种固体形状的长度和厚度以同一比例增加时，它们抵抗断裂或弯曲的

抗力是否依然保持不变。经过反复思考之后,我得到了以下结果。

命题:在几何形状相似的重棱柱和重圆柱中,仅存在一种在其自身重量应力下刚好处于断裂和不断裂的边界。任何大出一点的棱柱或圆柱体都会由于无法支撑其自重而断裂,而每一个较小者还能承受一定程度的欲使之断裂的额外载荷。

何为两个几何上相似的棱柱?意为两个棱柱的每一对同源尺寸(底面的边长 b、h 及长度 l)之间的比例是相等的。例如,使

$$b=\zeta h;\ h=\zeta' l$$

其中 ζ 和 ζ' 是两个比例常数。棱柱之一的重量为

$$P=\gamma\zeta\zeta'^2 l^3$$

其中,γ 为比重。重物对抗一个极端所产生的力矩 M 等于自身重量与 $l/2$ 的乘积:

$$M=\gamma\zeta\zeta'^2\frac{l^4}{2}$$

另一方面,根据公式(12),固定于一端的棱柱对抗断裂的最大力矩为

$$M_{\max}=\frac{\sigma_{\lim}}{2}bh^2=\frac{\sigma_{\lim}}{2}\zeta\zeta'^3 l^3$$

将前面两个等式相加,可以得到一个棱柱在其自重负荷下不断裂的唯一最大长度(指的是同一形状的棱柱)。

$$l=\zeta'\frac{\sigma_{\lim}}{\gamma}$$

萨格:经过这番简明而清晰的证明,乍一看似乎不可能的命题在论证过后看起来真实又必然。

因此,为了使一个大到在其自身重量下断裂的棱柱安全处于断裂和不断裂的边界内,必须改变其厚度和长度之间的比例,要么增厚,要么缩短。因为在两个形状相似的梁中,重量与任何线性尺寸(如长度)的立方成正比,而抗力则与线性尺寸的平方成正比。探讨哪些参数和标准能让棱柱支撑得住自身,也需要同样的聪明才智。

萨尔:探讨这个问题甚至更多的智慧,因为这个问题难上加难。我对此深有体会,是因为我花了不少精力去思考和解决。现在我与你们一起分享一下我思考的成果。

命题:设一个圆柱体或棱柱的断裂极限长度为 l,并给定一个长度为 l' 的圆柱体,

且 $l'>l$，求该圆柱体（或具有类似底座的棱柱）能够承受其自身重量的最小直径。

基于前一等式，记 $\zeta'=h/l$，并根据公式(12)得到

$$h'=\frac{\gamma}{\sigma_{\text{lim}}}l'^2=h\sqrt[3]{\frac{l'}{l}}$$

从上述论证中，可以清楚地看到，无论是人类建筑，还是自然世界，在保持形状相似性的同时随意增加结构或机器的尺寸是不可能的。人类无法建造出超级巨大的船舶、宫殿或寺庙，毕竟船桨、横梁或铁链等，总之一切的零部件都没有办法固定在一起。自然界也诞生不了超级大树，因为树枝会因自重过大而折断。同样，人、马或其他动物的骨骼也不可能在比例不变的情况下简单扩张还能够维持机能正常。这就需要使用比平时更硬、更耐磨的材料，或者歪曲骨头的比例，才能创造出一个大到畸形的动物形象和外貌，如同诗人阿里奥斯托（Ariosto）对巨人的描绘[25]。

“他巨大之身材无法测量，其身高有几何欲知亦难。”

为了简单说明，我画了一块放大 3 倍的骨头，它比正常的骨头要粗壮，这样它在巨型动物身上所发挥的功能就和小型动物驾驭小骨头相差无几了。

从右图可见放大版骨头的形状是多么古怪。

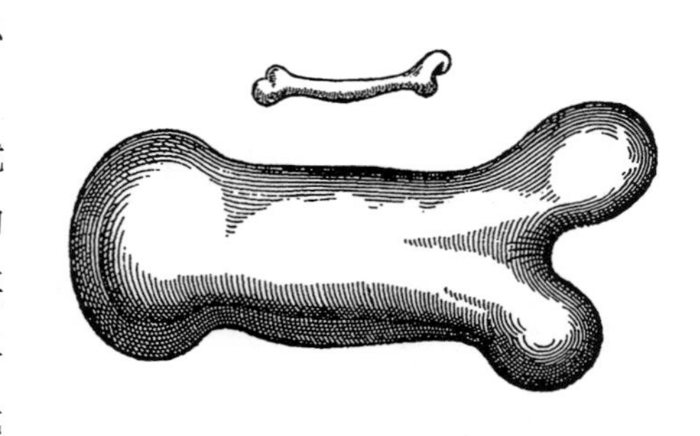

巨人要想和常人拥有相同的四肢比例，就必须寻觅到更坚硬、更牢固的材料来构建他的骨骼，否则就得低头承认他比中等身材的人要孱弱许多。对于人体骨骼来说，在没有新材料的情况下，人一旦高大到超乎寻常的程度，就会瘫倒在自己的重量下。相反，如果身体尺寸变小，体格强度却不会以同样的比例下降。其实身体越小，其相对的力量就越大：一只小狗说不定能背起两三只同样大小的狗，而一匹马却未必背得动同样大的一匹马。

辛普：也许吧，但对鱼类的观察让我禁不住怀疑。有人告诉我，一头鲸有十头大象那么大，但鲸类却支撑自己的身体。

萨尔：辛普利西奥，你的疑问涉及了一个差点被我遗漏的原则，这个原则允许巨人和其他大型动物如同小型动物一般生存和活动。要达到这种效果有两种方法，其一是

增加骨骼和其他承重部位的强度；其二，若骨骼结构比例维持不变，只要让骨材料的重量、肌肉的重量以及骨骼需要承载的其他任何负荷按适当比例减少，骨骼依然能维系连接。而自然界中的鱼正是符合了第二个方法，它们的骨骼和肌肉非常之轻，就像完全没有重量。

辛普：我明白你的论证方向了。你的意思是，鱼生活在水中，水的密度减轻了鱼浸泡在水中的身体重量，它们的身体就仿佛失去了重量，无须使骨骼超负荷就可以支撑自重。但这还不是全部：就算鱼身的其他部分没有重量，它的骨骼部分无疑是重的。谁能否认肋骨如梁柱般大小的鲸鱼拥有惊人的重量，一跃入水中就有一沉到底的趋势？人们压根不会指望这些庞然大物的骨头能够支撑自身巨大的重量。

萨尔：这是一个非常犀利的反驳！要回答这个问题的话，请你先告诉我，你是否观察过鱼在水下静止不动，既不沉入水底，也不浮于水面的情况，鱼儿游起泳来毫不费力，非常随意。

辛普：这是显而易见的。

萨尔：鱼能在水下保持活动，证明它们身体的物质具有与水相同的比重；因此，如果鱼的某些部分比水重，就必然有其他较轻的部分，这样就可以平衡了。如果骨头比较重，那么构成身体的肌肉或其他成分就必须很轻，轻到能平衡骨头到重量。因此，水生动物的情况与陆地动物相反：后者身上的骨骼不仅得支持自己的重量，还得支撑肉体的重量；而在前者身上，是肉体支持自己的重量和骨骼的重量。我们无须质疑为何水中有存在巨大的动物，而在地球上，也就是在空气中却不存在。

辛普：这么解释我心里安定多了。的确，这些所谓的陆地动物称为空气动物更恰当，因为它们生活在空气中，被空气所包围，而且呼吸空气。

萨格：我很欣赏辛普利西奥的发言，也很喜欢他提出的问题和解答。我还意识到，如果一条巨型鱼被拉到岸上应该存活不了太久，一旦骨骼之间的连接出了问题，鱼就会被自身重量压垮。

萨尔：我对此深信不疑，也想到了发生巨型轮船上的同样情况，浮于海上的轮船不会因为货物和军备的重量而散架，但在陆地上和空气中可能会分崩离析。下面我们来解答一道题。

给定一个具有一定重量和长度 l 的棱柱或圆柱体，并设它能够支撑在 C 端的最大载荷为 w_d。计算这个物体会因为自身重量而断裂的极限长度 l'。

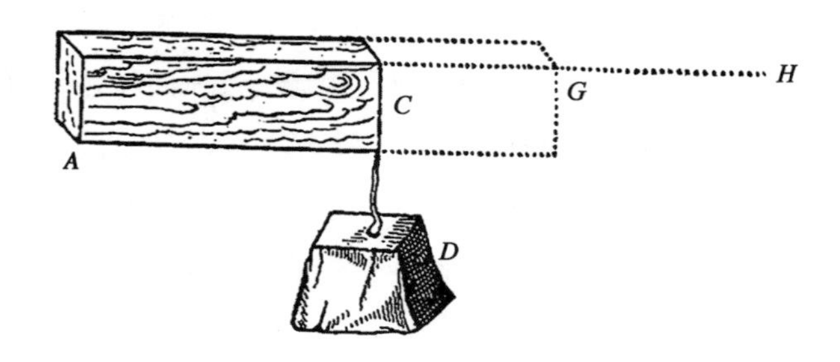

如果我们设 Σ 为横截面，γ 为比重，将有

$$M_{\max}=\gamma\Sigma\,\frac{l^2}{2}+w_d l=\gamma\Sigma\,\frac{l'^2}{2}$$

因此

$$\frac{l'^2}{l^2}=\frac{w_d l+\gamma\Sigma\,\dfrac{l^2}{2}}{\gamma\Sigma\,\dfrac{l^2}{2}}=1+\frac{2w_d}{\gamma\Sigma l}$$

到目前为止，我们只考虑了一端固定，另一端施加重量的固体棱柱和圆柱体的力矩和抗力，只提到了负荷重量和棱柱自身的重量。现在我们不妨讨论一下棱柱或圆柱体在两端都有支撑或两端之间的某一点上有支撑的情形。

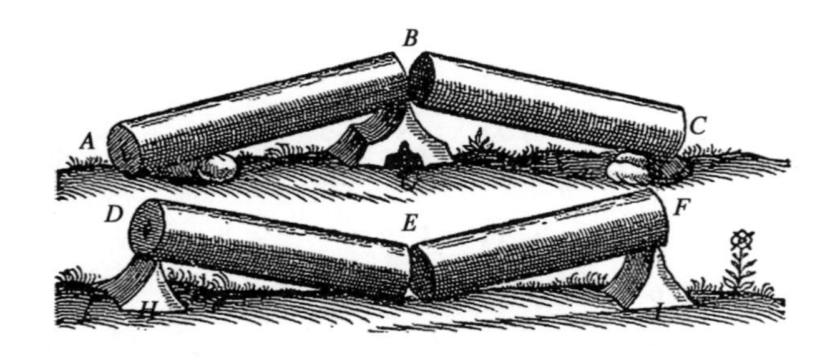

首先，如一棱柱或圆柱体两端皆有固定，其一旦超出就会断裂的极限长度是仅一端固定情况下的 2 倍。

这很明显，当圆柱体 ABC 仅固定在一端时可以支持的最大长度 AB 正好是它总长度的一半，上图就是我讲的柱体在中心有支撑或两端都有固定的情况。

还有一个更难的问题：圆柱两端有支撑且忽略柱体本身重量的前提下，作用于圆柱中间打破圆柱体所需的力或重量，如果施加在更靠近某一端的其他点上，是否依然能达成同样的效果？比方说，有人想折断一根棍子，就用手夹住它的两端，膝盖顶在棍子的中间，这样轻轻一使力，棍子就断了。假如膝盖的力没有作用在中间，而是更靠近棍子的某一端，那样的话棍子还会断吗？

萨格： 我记得亚里士多德在他的《论机械》[26] 中提到过这个问题。

萨尔： 这两个问题不尽相同。亚里士多德问的是为什么相较靠近棍子的中间，双手抓住棍子的两端，也就是远离膝盖的地方反而更容易折断棍子。他的回答是就杠杆原理泛泛而谈的，即手臂抓住棍子两端时延长了杠杆臂。我们的研究稍微复杂一些，目的是求证双手固定在两端折断棍子所需的力是否与膝盖施力的位置无关。

萨格： 初看似乎是这样：两根杠杆臂保持相同的总力矩，其一增加，另一就相应减少。

萨尔： 你看吧，一不小心就出错了，所以不能有一丝一毫懈怠。你的话乍一听挺有道理，但和现实是脱节的。膝盖作为两个杠杆的支点，若置于偏离中心的地方的话，折断棍子所需的最小力气可能得翻个十倍、百倍，甚至上千倍。关于这个问题，首先要从整体角度思考，然后再去求证在确定的某一点上折断木棍所需的力有什么变化规律。

画一个木质圆柱体 AB，它会在作为支点的中点 C 处断成两截，另一圆柱体 DE 则于远离中心的 F 点处断裂。

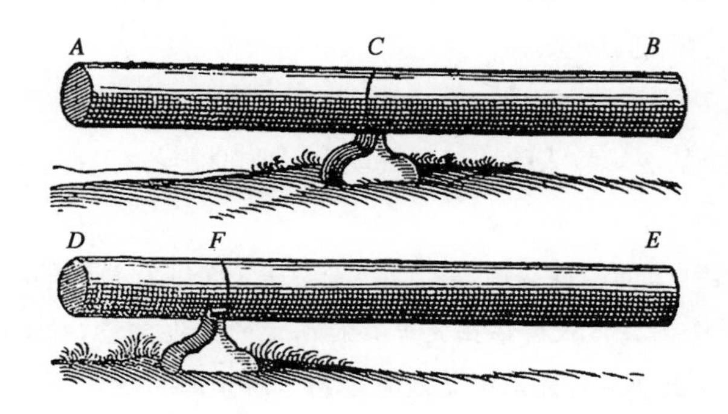

在第一种情况下，由于距离 AC 和 CB 是相等的，抗力力矩也相等。

$$R_B \mid BC \mid = R_A \mid AC \mid \Rightarrow R_B = R_A$$

其中，R_A 和 R_B 分别为点 A 和点 B 的施加的抗力。而在第二种情况下，我们从力矩的平衡中得出

$$R_D \mid DF \mid = R_E \mid EF \mid \Rightarrow R_D = R_E \frac{\mid EF \mid}{\mid DF \mid}$$

其中，x 为距离 $|DF|$，$(l-x)$ 为距离 $|EF|$。棍子将因作用一个刚好大于它所能承受的最大力矩 $M_{\max}$ 而断裂。

$$M_{\max} = F_D x + F_E (l - x)$$

作用在 F 上的力必须平衡作用于点 E 和点 D 中力的总和，因此

$$F_F = \frac{M_{\max}}{x} + \frac{M_{\max}}{l - x} = \frac{M_{\max} l}{x(l - x)} \tag{14}$$

当 $x(l-x)$ 最大时，该力最小，此种情况发生在中心 $x=l/2$ 时。当支点 F 趋于端点 D 时，为了平衡或克服 F 点的抗力，作用在点 E 和点 D 上的力之和也必须无限增加。

萨格： 辛普利西奥，我们还能说什么呢？是否不得不承认，几何学和数学比任何其他工具更能磨炼坚韧的意志、训练正确的思维呢？柏拉图希望他的学生先要打好数学基础，这不是十分正确的做法吗？我自己熟知杠杆特性，也知道如何通过增加或减少其长度来增减力矩和抗力，但落实到手头的问题时却错得那么离谱。

辛普： 实际上我已经开始意识到，尽管逻辑是指导论述的工具，但就唤醒心智而言，还是无法与数学相提并论。

萨格： 依我之见，逻辑教人验证已经发现和完成的结论，但我对逻辑能否助力于寻求真理深感怀疑[27]。

下面我们可以通过简单地应用等式(14)来解决一个非常有趣的问题。

命题： 给定一个圆柱体或棱柱在其中心能承受的最大重量，并给定一个大于该重量的值，试求圆柱体上最有可能承受上述重量而不断裂的一个点。

萨格：我完全明白，继而想到，既然棱柱远离中心的部分更坚韧，那么对于巨大而沉重的梁就可以从两端去除材料以减轻重量，应用在大型建筑物的脚手架上将会非常方便和实用。如果能知道哪种固体的形状能使它的每个点都具备相同的抗力就好了，那样作用于中心的载荷就不会比施加在其他点的载荷造成更大破坏力了。

萨尔：关于这件事，我正准备告诉你们一个了不起的结论。可以通过图示来解释得更明白些[28]。

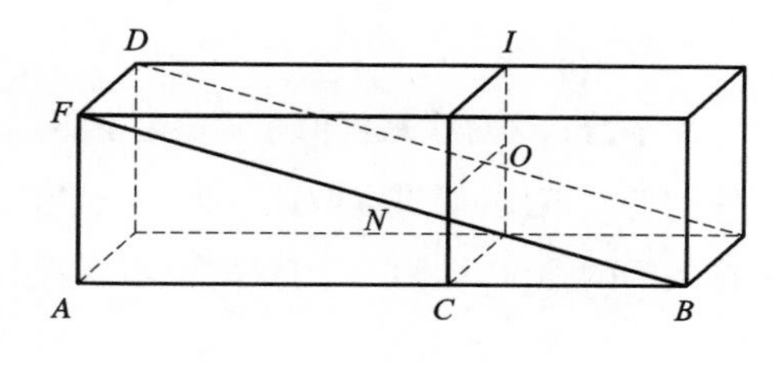

设 DB 是一个棱柱。正如前文所述[1]，当载荷施加在端点 B 时，AD 面的抗断裂强度小于CI 面的抗力，因为 CB 的长度小于 BA。现沿对角线 FB 切分棱柱，使得相对的面是两个三角形，其中一个三角形朝向我们的面为 FAB。切割后得到的新固体具有与原棱柱不一样的特性，在 B 点施加一个负荷时，它在 C 点对断裂的抵抗力比在 A 点的要小。

记 z 为从 B 滑向 A 之间的坐标(因此在 B 点的 O 和 A 点的 l 之间变化)。求点 C 和点 A 的最大抵抗力矩。位于 C 点的高度CN 为

$$h_C = \frac{z}{l}h$$

因而

$$M_{C,\ \max} = \frac{\sigma_{\lim} bh^2}{2}\left(\frac{z^2}{l^2}\right);\ M_{A,\ \max} = \frac{\sigma_{\lim} bh^2}{2}$$

B 端悬挂重量为 w_Q 的载荷，点 C 和点 A 的外力矩分别保持不变。

$$M_C = w_Q z;\ M_A = w_Q l$$

故

$$\frac{M_{C,\ \max}}{M_{A,\ \max}} = \frac{M_C}{M_A}\left(\frac{z}{l}\right)$$

我们已经沿对角线切除了棱柱 DB 的一半，留下三棱柱 FBA。初始棱柱和三棱柱

1 学生维维亚尼(Viviani)在自己手头的副本上标记注明：伽利略没有做过这个证明。这句话与前面的证明并没有直接的推导关系，但是经过前文的铺垫它俨然已变得合理。此外，尽管伽利略没有明说，这个论证里未计入杠杆本身的重量。

表现出相反的抗力特性：前者愈是远离悬挂点的部分抗力愈大，后者则越远越脆弱。这么看来固体是有可能，甚至有必要拥有一个适宜的线段长度，把它划定的多余部分去除后，剩余的所有部分保持同等的坚韧程度。

辛普： 显然从大到小的过渡即为趋于平等的过程。

萨格： 下面我们来弄清楚具体如何进行这种切割。

辛普： 这对我来说似乎很容易：斜切棱柱，去掉一半的材料，剩下的部分与初始棱柱的特性相反，通过提取这一半的一半，即整体的四分之一，剩余形体将在所有点上保持相等的强度，因为一个形体的收益等于另一形体的损失。

萨尔： 你没说到点子上。你会发现，在不削弱棱柱强度的情况下，能从棱柱移除的最大材料量不是四分之一，而是三分之一。我会证明最佳的切割路径是抛物线。

我们设置好平衡的极限条件：

$$M_{\max} = w_Q z$$

也就是

$$\frac{\sigma_{\lim} b h^2(z)}{2} = w_Q z$$

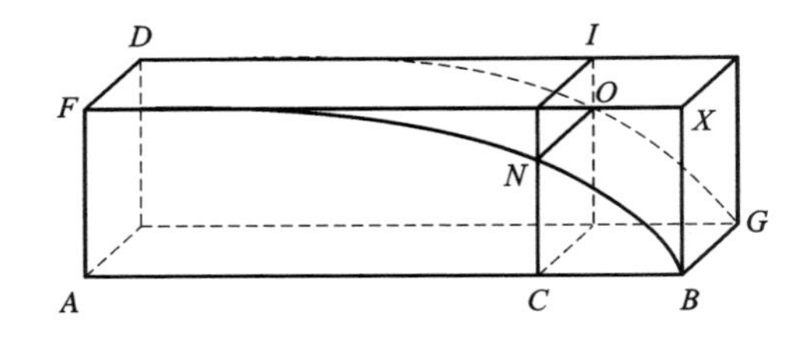

由

$$h(z) = \sqrt{\frac{2w_Q}{\sigma_{\lim} b} z}$$

算出沿抛物线[1]切割而来的任何截面的高度，此刻正是去除三分之一的重量。

萨格： 这样去减重的好处简直多到不胜枚举。

但我想搞明白为什么削减的量恰巧是三分之一呢。我非常清楚按照对角线切割的方式可以减轻一半的重量。对于抛物线切口上方的三分之一棱柱，我固然相信靠谱

1　注意，伽利略的图画得不好，切线的顶点应该在 B 点。

的萨尔维亚蒂，但更愿意以科学的方式去理解它[1]。

萨尔： 你想证明抛物面上削去的固体削掉的确实是三分之一棱柱？其实我已经证实过了，你试着回忆一下。然后，我引用阿基米德著作《论螺线》中的内容来阐述某条定理[29]。

引理： 给定一个整数 $n>1$。

$$\frac{1^2+\cdots+n^2}{n^3}>\frac{1}{3} \tag{15}$$

$$\frac{1^2+\cdots+(n-1)^2}{n^3}<\frac{1}{3} \tag{16}$$

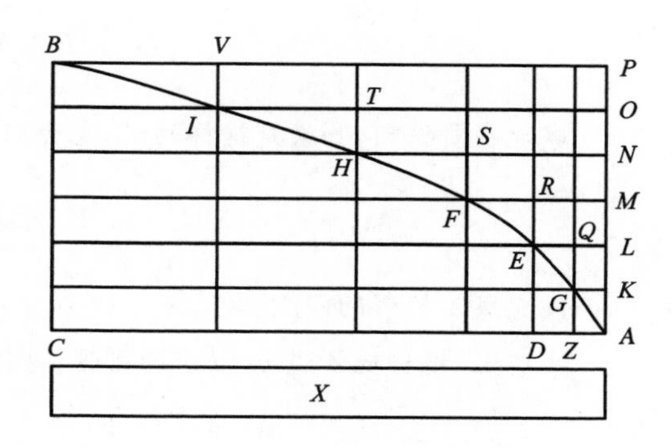

利用该定理，假设用 S 表示矩形 $ACBP$ 的面积，用 T 表示抛物线部分 BAP 的面积，我们将证明：

$$T=\frac{1}{3}S \tag{17}$$

因此，弧形部分 ACB 的面积 T' 为

$$T'=\frac{2}{3}S=\frac{4}{3}\text{Area}(\text{三角形 }ABP)(\text{译者注：area 面积})$$

假设等式(17)不成立(即 $T<S/3$ 或 $T>S/3$)，我们将证明这会导致了一个荒谬的情况。

假设

$$T<\frac{1}{3}S \tag{18}$$

该情况下，差额面积记作 X：

$$T+X=\frac{1}{3}S$$

1　为了避免使用积分计算，我们选择重新推演伽利略的论证。因为在伽利略的时代，微积分还不为人所知。如果使用微积分计算，原著中的证明将黯然失色。事实上，设线段 AP 的长度为 a，线段 AC 的长度为 b，面积 ABP 由以下公式给出：$\int_0^a \frac{b}{a^2}x^2\,dx=\frac{ab}{3}$。

把边 BC 如图中一样分成 n 个相等的部分，这样得到的每一个如 BO 的矩形，其面积都小于 X。以 BAP 为圆心的"阶梯式"图形，其面积 U($BO+YN+HM+FL+EK+GA$ 的矩形面积之和)超出 BAP 的曲线部分的面积 T 的最小面积为($BY+YH+HF+FE+EG+GA=BO$)；但根据结构(面积)$BO<X$，意味着

$$U-T<\text{Area}(BO)<X$$

因而

$$U<T+X=\frac{1}{3}S \tag{19}$$

我现在要证明，如果是这样的话，也会同时导致

$$U>\frac{1}{3}S$$

从而演变成了荒谬的闹剧。

事实上，根据抛物线 $y=kx^2$ 的属性，可得到

$$|AD|=k|ED|^2;\ |AZ|=k|GZ|^2$$

因此

$$\frac{|ED|^2}{|GZ|^2}=\frac{|AD|}{|AZ|}$$

回到图中，设面积(KE)为 K 和 E 为对顶点的长方形的面积，对其他对顶点进行类比，我们得到(还记得$|LK|=|AK|=|ZG|$，$|AL|=|DE|$)。

$$\frac{|DE|^2}{|ZG|^2}=\frac{|AD|}{|AZ|}=\frac{|EL|}{|AZ|}=\frac{|EL||LK|}{|AZ||LK|}=\frac{\text{Area}(KE)}{\text{Area}(KZ)}$$

还有(以此类推得到进一步的比例关系)。

$$\frac{|AL|^2}{|AK|^2}=\frac{\text{Area}(KE)}{\text{Area}(KZ)}$$

$$\frac{|AN|^2}{|AM|^2}=\frac{\text{Area}(MH)}{\text{Area}(LF)}$$

$$\frac{|AP|^2}{|AO|^2}=\frac{\text{Area}(OB)}{\text{Area}(NY)}$$

所以

$$\frac{|AL|^2}{\text{Area}(KE)}=\frac{|AK|^2}{\text{Area}(KZ)}$$

…

比例是相等的，因为来自同一条抛物线。

从这些比例我们可以得到

$$\frac{(|AK|^2+|AL|^2+|AM|^2+|AN|^2+|AO|^2+|AP|^2)}{\text{Area}(KZ+KE+LF+MH+NY+OB)}=\frac{n\,|AP|^2}{n\text{Area}(OB)}$$

$$\frac{(|AK|^2+|AL|^2+|AM|^2+|AN|^2+|AO|^2+|AP|^2)}{nAP^2}=$$

$$\frac{\text{Area}(KZ+KE+LF+MH+NY+OB)}{n\text{Area}(OB)}$$

用 d 表示 $|AK|$，则 $|AL|=2d$；$|AM|=3d$；…；$|AP|=nd$，从而可以应用等式(15)写出第一个比例关系：

$$\frac{(|AK|^2+|AL|^2+|AM|^2+|AN|^2+|AO|^2+|AP|^2)}{nAP^2}>\frac{1}{3}$$

由此可推演而来的第二个比例也必须大于 1/3，即

$$\frac{\text{Area}(KZ+KE+LF+MH+NY+OB)}{n\text{Area}(OB)}>\frac{1}{3}$$

(译者注：Area 为面积)

但这些长方形的总和是外切面积，而面积(OB)是矩形 ACBP 的面积。因此，可以得到

$$U>\frac{1}{3}S$$

与(19)矛盾，故而也与(18)矛盾。

以类似的方式，假设 $BAP>S/3$，这次考虑由矩形 VO、TN、…、QK 构成的嵌套图形，将得到与等式(16)产生矛盾的荒谬情形。因此，面积既不能大于也不能小于矩形 BA 面积的三分之一，由此证明等式(17)属实；由此计算出抛物线减掉的面积。

萨格： 这真是一个优美且直观的证明，特别是它讨论了抛物线的求积，证明了其面积是内切三角形的 4/3。阿基米德曾以两种截然不同但同样优雅的方式证明了这个事实[1]，我们这个时代的阿基米德——卢卡·瓦莱里奥，在他的关于固体重心的书中也开展了相同的研究[30]。

---

1 其实阿基米德把表面分割为三角形，而伽利略则采用了长方形。

萨尔：若拿他的这本书和当代或过去几个世纪中最有名的几何学家的著作相比，它排第二的话，没人敢排第一。我们的院士读过本书后，立刻丧失了在同一方向继续研究的斗志，因为瓦莱里奥已经在他书里证明了一切[31]。

萨格：院士本人向我提及过此事。我还恳求过他让我拜读一下他在阅读瓦莱里奥著作之前所做的论证，但未能如愿。

萨尔：我有这些证明的副本，稍后会拿来给你看的，让你有机会品一品两人在研究同一现象时所采用的方法和证明有何区别。某些结论虽有不同，但两者的解释都是正确的。

萨格：这太让我高兴了！下次再见面讨论时，请替我捎上这本书。同时，考虑到抛物线切割不仅方法优雅，而且在许多机械工程中相当实用。如果能介绍一种为工匠所用，快速且简单的在棱柱表面画出抛物线的方法，那就再好不过了。

萨尔：抛物线有很多画法，其中有两种特别简单。

第一种方法相当绝妙，用它花费的时间比用圆规精确描绘四个或六个大小不一的圆还要短，利用此法我可以炮制出三四十条抛物线，其精细和整齐的程度不亚于圆规圆的周长。取一枚不超过核桃大小的铜球，把它扔向一面倾斜于水平面的金属镜，可以描画出一条非常细致、精确的抛物线，线随着镜面倾斜角度增宽或变窄。这还说明，投射物的运动有一个抛物线轨迹。我们的朋友率先观察到这一现象并在其关于运动的一书中进行了演示，待我们下次聚会时再一起品读。使用这种办法的话，建议把球捂在手中加热加湿一阵，以便获取清晰的抛物线运动轨迹。

另一种方法是这样的：将两颗钉子固定在墙顶的水平线上，钉子的间距等于想在上面画所要求的半边抛物线的那个矩形宽度的 2 倍。在这两颗钉子上挂上一条细链，使它们的下垂高度等于棱柱的长度。这条链子将下垂形成抛物线状[1]，在墙上标记链子的路径将得到一条完整的抛物线。用两枚钉子中间的垂线把它分成相等的两部分，随后很容易把这条曲线转换成棱柱的相对的两个面，就算技艺平平的工匠也能办到。

1　事实上，这样得到的曲线是一条悬链线而非抛物线，但根据第四天的讨论中所描述的条件，它接近于抛物线。

此外，采用我们朋友发明的比例规划出一系列的点，点与点相连即可不费吹灰之力地得到棱柱表面的抛物线[1]。

至此，我们已证明了相当多与固体对抗断裂的力量有关的结论，这些结论都基于假设固体对于纵向拉伸力已知的前提。在这些基础上，我们将能够继续我们的旅程，继续发现存在于自然界中无穷无尽的其他新奇的结论和证明。现在，作为我们今天讨论的最后一个命题，我还想谈一谈空心固体的抗力。在技术领域里，自然界更甚，空心固体被应用于许多需要增大强度而又不增加重量的操作实践中。

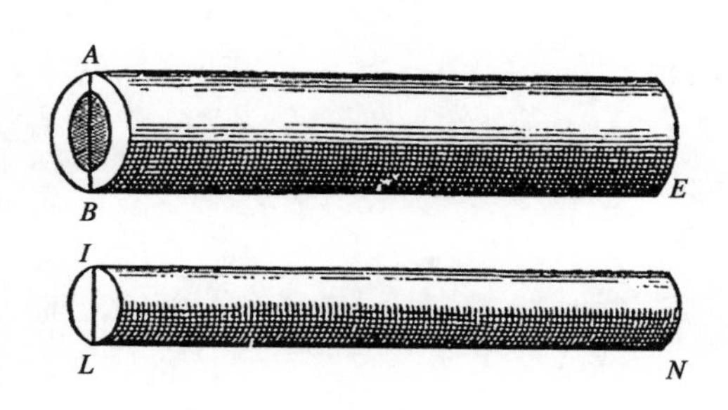

例如，鸟骨和管道就是这种情况。它们很轻，不易弯曲且难以折断。一根麦秆支撑着比它整个茎秆还重的麦穗，假如麦秆是实心的，即便材料成分一样多，它应对弯曲和断裂的抗力也会小很多。工匠们都很清楚，中空的木杆或金属杆要比同样重量、同等长度必然也更细的实心杆牢固得多。实践告诉人们，想要杆子既坚固又轻盈，必须制成空心的。

我们接下来进行证明：

命题：两个截面相同、长度相等的圆柱体，其中一个是空心的，另一个是实心的，它们的抗力之比等于它们的直径之比。

记空心圆柱体的外径为 D，实心圆柱体外径为 d，且 $d<D$；弯管力矩分别记为 M 和 m。

$$M=R\frac{D}{2};\ m=R\frac{d}{2}$$

要达到相同抗力，实心圆柱待补偿的最大弯矩为

$$\frac{M}{m}=\frac{D}{d}>1$$

1　伽利略设计了这种能够进行复杂数学和几何运算的仪器。1597 年，他在帕多瓦指导工人马尔卡多尼奥·马佐莱尼（Marcantonio Mazzoleni）制造了比例规，这名工人是帕多瓦大学自然哲学讲师马里奥（Mario）的弟弟。1606 年在帕多瓦出版的、献给科西莫·德·美第奇（Cosimo II Medici）的小册子《几何和军事圆规操作指南》（*Le Operazioni del Compasso Geometrico et Militare*）中对该仪器有所描述。比例规大获成功，伽利略将其量产并销售。此处，伽利略只是为他的一个商业产品打广告。

如上所证[1]。因此，同材质、等长、等重的前提下，空心圆管比实心圆柱的强度更大，其比例等于它们的直径之比。前面的公式也告诉了我们，在一般情况下，如何推算重量不等、中空程度不一致的管道之间发生的变化[32]。

第二天结束[2]。

1　正如这一天的第一个脚注所述，伽利略的计算忽略了材料的弹性。这里的情况与第一个脚注有所不同，纳维尔考虑了复杂的因素，并且不完全依赖线性尺寸，他的计算相比伽利略更为精确。

2　伽利略可能想在这句话上增加点内容。第二天结束时没有出现他习惯的结语用词“siparietto”，第三天的开头也很唐突，直接出现了院士写的拉丁文论文（前文基本没有任何铺垫）。

Third Day

第三天
另一门关于位置运动的新科学

对话者：

萨尔维亚蒂（Salviati，简称“萨尔”）

萨格雷多（Sagredo，简称“萨格”）

辛普利西奥（Simplicio，简称“辛普”）

萨尔维亚蒂朗读作者关于位置运动的拉丁语论文：

我打算从某一古老的话题开始，开拓一门全新的科学。或许，在哲学家们探讨的话题之中，没有比运动还古老的了。但在我看来，他们忽略了许多基本要义，更谈不上推演论证了。某些简单的现象已经获得了关注，比如重物的自由落体是不断加速的，但还未曾有人确定加速度的数学定律。据我所知，尚无任何证明提到从静止开始下落的物体，在相等的时间间隔内所经过的距离之比就是从1开始的奇数序列之比[1]。人们已经观察到，投射物掷出一条弯曲的路径，却无任何证明提到它是一条抛物线。我会证明这些事情以及有同样研究价值的其他事物。更重要的是，所有这些工作将为一门新兴、伟大的科学开山辟路，我的证明正好构成了这门科学的诸多要素。站在我的肩膀上，比我聪明的人必能探索到这门科学更加深远的角落。

此番讨论分为三个部分：第一部分探讨匀速运动，第二部分处理自然加速运动，第三部分则论述抛射体的剧烈运动。

匀速运动

我们仅需一个单一的定义来探讨稳定、匀速的运动[33]。

定义[34]**：***所谓稳定运动或匀速运动，是指在任何相等时间间隔内，运动质点通过距离相等的运动。*

匀速运动公式如下：

$$s(t)=v_0 t \tag{20}$$

其中，v_0（速度）是恒定的。

萨尔：*目前所读到的是我们的作者所书写的关于匀速运动的内容。下面我来出一个更难的题目：自然加速运动，一如通常落体实验里的运动。标题和介绍如下：*

自然（均匀）加速运动

萨尔：*我们刚刚讨论了匀速运动的特性，而加速运动尚有待探究。合理的第一步*

1　马上会看到，这种比例是指一个物体从静止状态开始运动，通过的距离与运动时间的平方成正比。1604年，伽利略在帕多瓦时已经发现了这种比例关系（正如我们在他笔记中读到的那样），并在《两大世界体系的对话》中使用了它。此处没有提到《两大世界体系的对话》一书，可能是因为这部著作已被教会列为禁书。

是找到加速运动与自然现象最为贴合的定义。因为不管是谁都可以自以为是地杜撰一种运动类型，再大肆讨论它的属性。举例来说，有些人凭空杜撰出自然世界不曾见到的螺旋线运动和其他复杂的曲线运动，称之为"蚌线"，还对些曲线的属性言之凿凿。而我们决心捋一捋自然界固有的物体加速下落现象，并让观察得来的基本特征呈现在加速运动的定义里。经过锲而不舍的努力，相信我们已经成功做到了这点：看到实验结果与我们所证明的特性完全一致，给予了我们莫大的鼓舞。最后，我们在研究自然加速运动[1]*以及其他五花八门的研究过程中，一概遵循自然界自身规律的指引，方法至简至朴。应该没什么人会相信，人类可以使用比鱼类和鸟类本能驱动的方式更加随心所欲的方式游泳或飞翔。因此，当我观察到一块初始静止的石头从高处坠落并不断获得新的速度增量时，凭什么不去相信这些增量是以最简单的方式发生的呢？*

最容易的增量办法莫过于以同种的方式重复。恰如运动的均匀性是通过在相等的时间内拥有相等的空间来定义的（当运动在相等的时间间隔内穿越相等的距离时，我们称之为匀速运动），继而可以想象出在任何相等的时间间隔内，速度有相等的增量时，就会有均匀的、持续加速的运动。将时间分为相等的时间间隔，从下落的一刻算起，在前两个时间间隔内获得的速度将是第一个时间间隔内获得速度的 2 倍；在三个时间间隔内增加的数量将增至 3 倍，以此类推。说得再清楚点，如果一个物体以它在第一个时间间隔内获得的相同速度继续运动，并保持均匀的速度，那么它的运动将比它在两个时间间隔内获得的速度慢一半。显然，如果我们定义下面公式的a为常数，完全不会错。

$$v(t)=at \tag{21}$$

可以这样定义当前讨论的运动：如果一个运动质点从静止状态开始，在相等的时间间隔内获得相等的速度增量，则它是均匀加速的。

萨格： 对于这个定义或任何其他定义，我拿不出合理的反驳，反正所有的定义都是随心所欲建立的。尽管如此，我仍然有理由质疑这样一个抽象形式确立的定义，是否真的符合自然世界中遇到的自由落体般的加速运动。由于作者声称在他的定义里描述的是自由落体运动，我想排除头脑中的某些障碍，这样才能更专注地思考这些命题及其证明。

1　伽利略还在论文部分的标题中使用了"自然加速运动"这一表述，可能是想借此表明他的主要目的是描述自由落体运动。在翻译中，我们客观地使用了自然加速和匀加速的表述。

萨尔：我很理解你和辛普利西奥提出的这些难点，我第一次读这篇论文时也有同样的看法。在作者本人探讨及内心反复思考之后，你提到的难点已不复存在了。

萨格：我想到一个重物从静止开始下落，并按它开始运动以来的时间比例获得速度，由于时间是可以无限制地分割的，由此总结出：如果一个物体以前的速度以恒定的比例小于它现在的速度，那么彼时的速度的无论多小都不应该存在。我们就不可能发现物体从无限缓慢开始，即从一个静止状态开始的运动。回到出发的瞬间，物体的运动速度非常慢，如果它继续以同样的速度运动，它在1小时内，一天内，乃至一年之内，甚至上千年间还途经不了1千步(古罗马长度单位)。此番景象匪夷所思，而感官却告诉我们，一个重物下落会突然获得巨大的速度。

萨尔：这是我刚开始遇到的困难之一，而正是使你陷入困境的实验却令我攻克了这一难题。你说这个实验似乎表明，在一个重物开始运动之后，它当即获得了相当大的速度；然而我却要告诉你，此项实验证明了落体最初的运动是非常缓慢的。把一重物体放在柔软的材料上，让它只受其自身重量的作用。很明显，如果你把这个物体举高1～2臂，再任它落在同样的材料上，它将产生比其自身重量更大的压力。这一效果是由落体的重量加上下落过程中获得的速度造成的，并且随着坠落高度的增加，也就是随着物体速度的增加而加剧。因此，从对材料的冲击强度能够估计出下落物体的速度。如果物体仅被抬高到一片叶子厚度这样的高度，冲击效果肉眼难以察觉。

既然冲击效果取决于冲击物的速度，而冲击效果又微乎其微，是否有理由怀疑运动非常之缓慢？请你感受真理的力量：同样的实验乍一看似乎显示了一件事，但若经过仔细思考就会发现它其实证实了一桩与预想截然相反的事实。

但是，即使不用上述的实验证明，在我看来，单凭推理应该不难确定一个事实。想象一下，用支架把一块沉重的石头固定在空中不动，然后挪开支撑物，比空气重的石块自然而然开始下落，它的下落不是匀速的，而是匀加速运动。既然速度可以无限制地增加和减少，你为何相信这样的运动体会从无限慢，即静止开始，立即到达一个巨大的速度，而不经过中间的过渡呢？我希望你能接受这个事实，那就是从静止状态开始的落石，其速度增加与石头被向上抛出时的速度损失遵循同样的顺序：速度渐减的上升石头在到达静止状态之前的速度会一度一度地倒退。这么说你应该不会质疑了吧？

辛普：但如果减慢的度数有无限多个，这些度数将永远不能被历尽，所以一个上升中的重物将永远不会达到静止状态。

萨尔： 辛普利西奥，如果运动中的物体在每一度的速度下都能坚持一段时间，就会出现这种情况。相反，它只是简单地通过每一个点，不做超出一瞬的停留，而且每个时间间隔无论多么小，都可以分为无限多的瞬间，这些时间间隔将总是足以对应无限多个渐减的速度了。从下面的事实可以明显看出，一个上升重物不会在任一给定的速度上停留任何时间：指定物体运动的某一个时间间隔，物体在该时间段的第一时刻和最后一刻都以相同的速度运动，它可以通过这个第二度的速度被提升到一个相等的高度。根据同样的推理，它将从第二瞬间到第三瞬间直到最后一瞬间永远保持匀速运动。

萨格： 这些思考帮助我们得到一个哲学家们求知若渴的合理答案：他们探问重物自然运动中的加速度是由什么引起的。我认为，推动物体上升的作用力不断减少，只要这个力还大于相反的重力，它就会迫使物体上升；当两者处于平衡状态时，物体就会停止上升并处于静止状态，此时强迫性推力没有消失，只是它超出物体重力的部分被消耗掉了——正是这个超出部分引起物体上升。接着，随着外部推动力减少，物体重力一占上风，下降就开始了。但是由于一大部分反向推力依然在物体内作用，一开始的下降速度是极其缓慢的。再往后，愈来愈多的反向推力被重力克服，反向推力持续减少故而导致运动持续加速。

辛普： 这个想法很聪明，但说服力度不及取巧程度。就算是对的，也只能解释某一特定情况，即自然运动由一个剧烈的运动先导，产生剧烈运动的外力之中仍有一部分是活跃的。但是，如果没有这部分存活外力，且物体是从早先的静止状态开始运动的，整个论证就不堪一击了。

萨格： 我认为你错了，你说的这些情况之间的差别简直画蛇添足，甚至子虚乌有。难道这还不明显吗？一枚抛射物可以凭投掷者的意愿得到任意大小的力量，冲向任何高度，高至百臂，低至 20 臂、4 臂或者 1 臂。

辛普： 这一点毋庸置疑。

萨格：所以外加的力可以勉强克服重力的阻力，使物体抬升 1 指高度，或者完全平衡重力的阻力，让物体只受到支撑而不升上去。当我们把一块石头拿在手里时，除了施加给它与下拉重力相等的向上推力，我们还做了什么？只要握一块石头在手里，不就源源不断地把这种力量传给它了吗？是不是这种力量会随着拿捏石头的时间而减少？如果防止石头坠落的支撑不是一只手，而是来自一张桌子或一根绳子，又有什么关系呢？当然没有关系。所以，辛普利西奥，你必然得承认，石头坠落之前的静止期是长，是短，还是一瞬间，都无关紧要，只要在施加石头上与其重力相反的力并足以使它静止，石头就不会坠落。

萨尔：现在似乎不是研究自然运动加速度成因的合适时机。哲学家们各抒己见地表达了许多观点：有些人把原因归结为地球中心对物体的吸引力；有些人声称是留存在物体上的极小一部分，有待冲破的介质造成的；更有甚者号称环绕物体的介质在物体下落后闭拢，随后把物体从一个位置驱赶到另一个位置。

要想研究这些天马行空的想法也不是不可以，但着实不太值得为之耗费精力。作者只希望我们明白，我们的目的是研究和证明加速运动的一些特性（不管这种加速的成因是什么），它指的是一种运动，在离开静止状态后速度与时间成正比地继续增加，这等于说在相等的时间间隔内，物体得到相等的速度增量。如果我们发现后面要证明的加速运动的特性在自由落体的加速运动中得以展现，就可以下此定论——落体的运动可用我们假设的定义来描述。

萨格：我认为这个定义可以在保持基本思想的基础上表达得更清楚一点：均匀加速的运动是速度与所穿越的空间成比例增加的运动。因此，若一个物体下落 4 臂时获得的速度将是下落到 2 臂时的 2 倍，而后者的速度会是下落 1 臂时的 2 倍。毫无疑问，从 6 臂高度下落的重物获得于它落下 3 臂时 2 倍的动量，而后者的动量又是刚落下 1 臂时的 3 倍。

萨尔：听了你的话我颇感欣慰，其实我也犯过同样的错误，让我也告诉你吧。我向作者表达过你这个看似合理的观点，他自己也承认有段时间犯过同样的错误。但最让我惊讶的是，那些看似天生就对，且被所有人欣然接受的命题，却可以用寥寥数语来证明其是错误的。

辛普：我正是接受这一命题的人之一，并相信自由落体在下降过程中会获得推动力，它的速度与距离成正比，而且当落体从 2 倍的高度落下时，速度也会将翻倍。在我看来，这些命题毫无争议，接受它们理所当然[1]。

萨尔：然而，它们与运动应于瞬间完成的假设一样荒谬，我能清楚地证明给你看：如果速度与所穿越的空间和将要穿越的空间成正比，那么这些距离是在相等的时间间隔里通过的；假如物体落下 8 足空间的速度是它覆盖前 4 足空间的速度的 2 倍，那么这些步骤所需的时间间隔将是相等的。但是，同一物体在同一时间内下落 8 足和下落 4 足的现象只有在瞬时运动情况下才可能发生。这与观察告诉我们的事实矛盾，落体运动需要时间，通过 4 足距离比历经 8 足距离耗时更短。所以速度与距离成正比增加的说法是错误的。

另一个虚假命题也可用同样清晰的逻辑推翻。设想某个单一的物体冲击一块表面，它的冲击效果的差异只能取决于速度之差；若从 2 倍高度落下，物体就会产生翻倍的冲击效果，伴随的速度也是双倍的；但 2 倍的速度意味着物体在相同的时间间隔内穿越 2 倍的空间。然而，通过观察表明了从更高的位置落下需要更长的时间。

萨格：如此深奥的问题就被你轻而易举地化解了，化繁为简反而不及故作高深的呈现来得有艺术性。我发现，人们对不太费劲就获取知识的重视程度，要低于那些经过漫长推演得来的。

萨尔：有些人不予感激，还要蔑视那些用简洁内容驳斥流行谬论的人，那也罢了。但另一些人就很让人讨厌了，他们自称是某一研究领域的专家，贩卖很容易被识破的错误观点，甚至对揭露真相的人抱有敌对态度。我不想把这种敌对态度描述为嫉妒，因为嫉妒通常会退化为对识破错误的人的仇恨和愤怒；我更愿意称它为一种固守陈旧错误信仰且拒不接受全新真理的强烈欲望。这种欲望有时会导致一群固执己见的人联合起来反对即使内心已经接纳的真理，他们的目的纯粹是为了破坏真理发现者在众多无知之士中的声誉。确实，我从我们院士那里听说了许多类似的谬误，这些完全经不起推敲的错误观点还一度被视作真理。我会选一些择日详谈。

1　辛普利西奥在这里表现得不太像亚里士多德的拥护者。

萨格：他日若时机合适，请务必向我们讲讲这些谬误，就算为此需要增加一天的讨论时间我也心甘情愿。回到正在讨论的主题上，至此，接下来要使用的匀加速运动的定义似乎已经建立完毕。参阅作者的论文，我们将该定义表述如下：

定义：匀加速运动是指一个物体从静止状态开始运动，它的速度在相等的时间内获得相等的增量：

$$v(t)=at \tag{22}$$

其中，a 为(加速度)常数。

萨尔：在确立了这一定义之后，作者提出了一个假设，即：

假设：同一物体在不同倾角的斜面上运动，当这些平面的高度相等时，物体所获得的最终速度也相等。

我们所说的斜面高度是指从平面的上端横跨到同一平面的下端所画的水平线的距离(图中的 CB)。作者假设同一物体通过 CA 和 CD 平面下降时获得的速度在终点 A 和 D 是相等的，因为这些平面的高度是相同的，等于 CB；这个速度显然是同一物体从 C 下落到 B 时获得的速度。

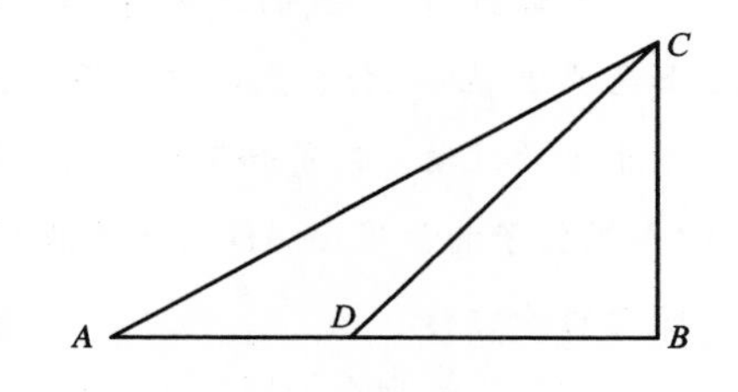

萨格：对我来说，你的假设非常合理，接受它毫无争议。只要没有外部阻力，运动的平面坚硬且光滑，且运动物本身的表面也光滑无棱，摩擦就不会产生。所有的阻力消除后，理智会告诉我：一个沉重的、完全光滑的物体沿着 CA、CD、CB 线运动，以同样的速度到达终点 A、D、B。

萨尔：你的推理是有理有据的，但我想用一个实验来验证它的合理性，使之接近于一项论证。

想象这页纸代表一堵垂直的墙，墙上钉一枚钉子。从钉子上引一根约 2～3 臂长的竖直细线，线上悬挂一颗重 1 盎司或 2 盎司的铅球。在墙上画一条水平线 DC，与垂直线 AB 成直角，DC 高出点 B 约 2 指距离。现在把悬有铅球的线 AB 拉到 AC 的位置后放手，摆锤将先沿弧线 CBD 下落，途经 B 点后沿弧线 BD 行进，直至近乎到达 D 所

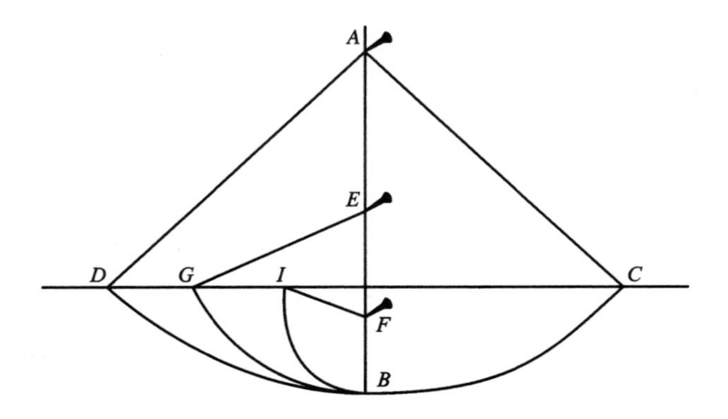

处的水平线(因空气和绳子的阻力,实际略微低于该水平线)。由此可以推断,铅球在下落并通过弧线 CB 的过程中,在 B 处获得了足够的动量,使它在相同的高度上通过类似的弧线 BD。

在多次重复这个实验后,现沿垂直线 AB 方向,如取 E 或 F 点,往墙上再钉一枚钉子,以便使绳子再次沿弧线 CB 到达点 B 时可以打到钉子 E,从而迫使它划过以 E 为中心的弧线 BG。我们将看到,球仍然到达水平面 DC。如果障碍物位于较低的位置,如置于 F 点,也会发生同样的情况:铅球描绘弧线 BI 并且总是正好在水平线 CD 上结束上升运动。但是如果钉子的位置太低,致使剩下的悬线部分不能达到 CD 的高度(如果钉子的位置比 AB 与水平线 CD 的交点更靠近 B,就会出现这种情况),悬线就会绕着钉子打转。

这一实验强有力地验证了我们的假设是真实的——一般来讲,通过弧线 DB、GB、IB 下落获得的动量是相等的。

萨格: 依我说,这个结论本身就毋庸置疑了,再加上实验恰如其分地证明了预设的假象,我们确实可以视其为有效佐证了。

萨尔: 我不希望对此妄加揣测,因为我们将主要把这条原则应用于发生在平面上,而非曲面上的运动,在曲面上加速度的变化与平面大有不同。暂时把它当作假设吧,等到我们确信由它得到的推论与观察完全一致之时,再认定其为真理。以这条单一原则和匀加速运动的定义为基础,作者证明了下列命题。

命题(定理): 物体从静止状态开始以匀加速穿越一个特定距离的时间,等于同一物体以匀速度穿越同一距离的时间,这个速度的值是最终速度的一半。由于 $v(t)=at$,在一个从静止状态开始并以最终速度 v_f 结束的均匀加速运动中,随时间变化其平

均速度将等于$v_f/2$。该运动可以被认为是一连串速度为$v(t)$的匀速运动,因此

$$s(t)=\frac{v_f}{2}t \tag{23}$$

命题(定理): 物体从静止状态开始下落,以匀速运动的方式通过的距离,等于通过这些距离所需的时间间隔的平方。

从公式(23)得到

$$s(t)=\frac{v_f}{2}t$$

由上,考虑到时间为$t/2$时,速度是最终速度的一半。

$$\frac{v_f}{2}=v\left(\frac{t}{2}\right)=a\ \frac{t}{2}$$

得到

$$s(t)=\frac{1}{2}at^2 \tag{24}$$

推论: 从运动开始计时,取任意相等的时间间隔,那么在连续的时间间隔中所通过的距离之间的比将与奇数序列1、3、5…之间的比例相同。

事实上,将从一开始的奇数表示为$2j-1$,其中$j=1$、2…(自然数的序列),我们有

$$1=1^2$$

$$1+3=2^2$$

$$1+3+5=3^2$$

$$\cdots$$

$$1+3+\cdots+(2n-1)=n^2$$

因此,如果在相等的时间间隔内,速度呈线性增长(与自然数的序列成正比),那么在这些相等的时间间隔内,所通过的距离的增量之比等于从1开始的奇数之比,而所通过的总距离与时间的平方成正比,反之亦然。

辛普: 我一旦接受了匀加速运动的定义,就确信事情和描述的相差无异了。我非常喜欢这个论证,但仍然对这种加速运动是否符合自然界中的自由落体行为心存怀疑。不仅为了我自己,也是为了有相同想法的人考虑,是不是该引入实验呢?据我了解到这样的实验数不胜数,它们换着法子验证这一推论。

萨尔：你作为一名真正的科学家，提出的要求相当合理。因为数学证明本就应该应于研究自然现象的科学。正如研究光学、天文学、力学、音乐和其他科学的科学家们已经实践的那样，在这些科学中，原则一旦通过精心选择的实验确立起来，就成为整体结构的基础。因此如果花相当长的时间讨论这个首要的、基本的问题，我希望不是白费功夫，因为这一问题关系到无数后续的结论，作者在本书中只选取了其中一小部分，而他其实为开辟一条迄今为止仅限于投机者的科学研究之路奉献了太多。作者从未忽视过实验，而且他做实验的时候我常常陪伴在旁。现在我来告诉你们，我是如何确信自由落体实际经历的加速度就是我们刚刚描述的那种。

在一块长约 12 臂、高 0.5 臂、厚 3 指的木板上开一条比 1 指稍宽一点的槽，这条槽非常笔直、光滑、铿亮，再裹上羊皮纸包裹使之变得更为光滑。我们把这块板子置于一个倾斜的位置，抬高板子的一端，使其比另一端高出 1 臂或 2 臂，让一个坚硬、光滑、非常圆润的铜球滚下斜坡，用我接下来要描述的方式测量它下降所需的时间。我们为了精确测量时间，多次重复了这一实验，使得两次观测间的偏差不超过脉搏的十分之一。

完成这一操作之后并在确信其可靠性之后，我们让球只滚了四分之一的长度；测量到它的下落时间是先前耗时的一半。随后，我们又尝试了其他的距离，将全长的用时、半长的用时、三分之二长度的用时、四分之三长度的用时或其他分数长度的耗时进行比较。这样的实验重复了上百次后我们发现，通过的距离之比 d 总是等于与时间的平方之比；不管滚球运动的平面倾斜到什么程度，都是如此。我们还观察到对于平面的不同倾角，各次下落的时间的相互比例关系正好符合作者的预测和证明，后面会说到这一点。

为了测量时间，我们把一个大大的水箱放置在高处，水箱底部焊有一根可以喷射水流的细管子。每次下落的时间内喷流而出的水都收集在一个小杯子里，接着在高精度天平上为水称重。这些重量的差异和比例帮助我们测出时间的差异和比例，以这样的精确程度多次重复这般操作，发现结果并没有任何肉眼可感知的差别。

辛普：真希望我也能亲身经历这些实验。但是听过你的话后，我对你执行这些任务的谨慎和你叙述的忠实还原满怀信心。我很满意并接受它们是真实有效的。

萨尔：那不用进一步讨论了，让我们继续读下去。

推论：下落的物体通过的任意两段距离所需要的时间间隔之比，等于一段距离和两段距离的比例中项之比。

从

$$s_1 = at_1^2$$

和

$$s_2 = at_2^2$$

一段一段拆分，得到

$$\frac{t_1}{t_2} = \sqrt{\frac{s_1}{s_2}} = \frac{\sqrt{s_1 s_2}}{s_2}$$

其中，$\sqrt{s_1 s_2}$被称为 s_1 和 s_2 之间的比例中项。

注释：上述推论对于任意倾角的斜面也是成立的，因为我们假设沿着这些平面，速度按同样的比例，即与时间成比例地增加。如果愿意，也可说成以自然数的序列成比例地增加。

萨尔：现在，萨格雷多，如果辛普利西奥不觉得无聊的话，我想中断一会儿讨论，对已经证明的、和从我们院士那儿学到的机械原理的基础上做一些补充。我打算基于逻辑和实验的基础确认上述原则。为此，我会证明一条对运动科学来说很基本的定理。

萨格：假如你穿插的话题真能证实，并完全确立这些运动科学，我非常乐意聆听。其实我不光乐意，更想请你现在就满足我被你唤起的好奇心。辛普利西奥一定和我想法一致。

辛普：我怎么可能有异议呢？

萨尔：既然已得到你们的许可，让我们先关注一个显著的事实：沿着一定长度的斜面运动的同一物体的动量随平面的倾斜度而变化。沿垂直方向运动的速度最大；而沿其他方向运动时，其速度随着平面愈发偏离垂直方向而逐渐减小。

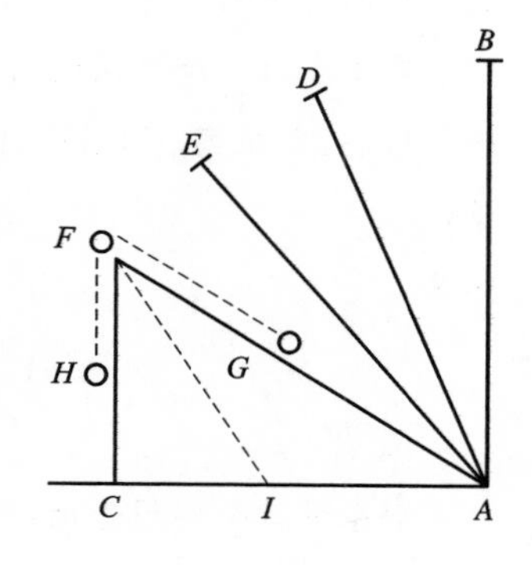

借图具体说明[35]，落体获得的速度取决于沿垂直方

向的位移，当落体垂直落下时，速度最大；沿 DA 运动时速度较小，沿 EA 方向速度更小，沿更平缓的平面 FA 运动时速度还要变小。最后，在水平面上，加速度完全消失；物体处于平衡状态，对运动或静止都无动于衷；它没有向任何方向运动的内在趋势，也没有对抗运动的阻力。正如一个重物或一个重物系统不可能自发地向上运动，或者离开所有重物趋向的共同中心，任意物体除了自发靠近这个共同中心以外，都不会主动开展任何其他运动。因此，沿着一个水平面，其上任何一点都与上述共同的中心距离相等，则物体不会获得任何速度。

现在我必须解释一下我们的院士在帕多瓦为他的学生写的一篇力学论文[36]中的部分内容，他对螺丝这一神奇机件的起源和性能给出了结论性的证明，文中证明了力矩如何随着平面的倾斜度而变化。例如，把平面 FA 的一端抬起垂直距离 FC，这个 FC 方向正是重物接受最大动力的方向。让我们来寻求这个动力和同一物体沿斜面 FA 运动的动力之间的比例。我将证明这个比例是前面提到的两个长度的反比。

很明显，作用在下落物体上的动力等于足以使其静止的最小力。我建议借助另一个物体的重量来测量这个动力。让我们在 FA 平面上放置一个物体 G，用绕过 F 点的绳子与重物 H 相连；然后物体 H 将沿垂直方向上升或下降，其运动距离与物体 G 沿倾斜平面 FA 上升或下降的距离相同；但这个距离将不等于 G 沿垂直方向上升或减少的距离——我们已经看到，速度是通过沿垂直方向运动获得的。

如果我们认为，在三角形 AFC 中，物体 G 从 A 到 F 的运动由水平分量 AC 和垂直分量 CF 组成，记得前面所讲的，物体沿水平方向不会受到任何运动阻力或加速度（因为这种运动既不获得，也不损失重物与共同中心的距离），因而唯一起作用的是垂直距离 $|CF|$。对于从 A 到 F 运动的物体 G 来说，重量只计顾及它上升的垂直距离 $|CF|$，而另一个物体 H 必须垂直下降整个距离 $|FA|$，而且这种比例适中维持不变，因为两物体以无法伸缩的方式连接着。我们能够肯定，在平衡的情况下（物体处于静止状态），它们的运动趋势，即它们在同等时间内通过的距离，必须与它们的重量成反比。这个事实在每一个机械运动的案例中都已得到证明。总之，为了使 G 的重量 w_G 处于静止状态，在距离 $|FC|$ 小于 $|FA|$ 的情况下，必须按相同比例给 H 一个较小的重量 w_H。

如果

$$|FA| : |FC| = w_G : w_H$$

则系统就会实现平衡，即重量 H 和重量 G 具有相同的推动力。既然我们同意一个

物体的动量、能量、力矩或运动的趋向[1]只与足以使它停止的最小阻力一样大，而且我们已经发现重物 H 能够阻止重物 G 的运动，那么，较小重量 H 的全部力量是沿垂直方向 FC 施加的，它提供的是较大重量 G 沿平面 FA 施加的有效分力的精确量度。但平衡物体 G 的有效总力是 H 的重量，因其必须用一个相等的力来防止下落。由此建立这个比例，它与斜面的高度 $|FC|$ 与长度 $|FA|$ 之间的比例相同。

$$w_{G,\ \text{efficace}} = w_H = w_G \frac{|FC|}{|FA|} = w_G \sin\theta \tag{25}$$

其中，θ 是斜面与水平面形成的角度，与此成正比的是物体的加速度。

这就是我想证明给你们看的定理，正如你们即将读到的，我们的作者已经在他的论文里采用了。

萨格： 从你目前陈述的内容来看，我们可以推断出，同一物体沿着倾角不同，但垂直高度相同的平面运动（如前文的 FA 和 FI）所受的动力是与平面的长度成反比的。

萨尔： 完全正确。确定了这一点之后，我们来继续阅读文章。

命题（定理）： 不考虑摩擦力，如果一个物体在以任何角度倾斜，但高度相同的平面上自由下滑，它到达底端的速度总是相同。

从公式 $v=at$（21）和 $s=1/2at^2$（24）得到

$$v(s) = \sqrt{2as} \tag{26}$$

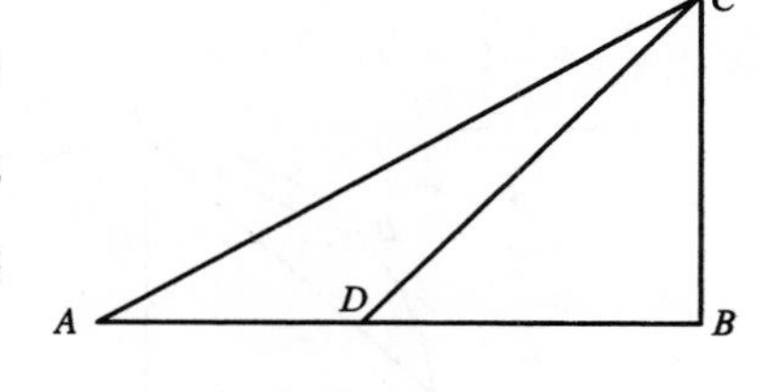

记 g 为沿垂直方向自由落体运动的加速度，那么，正如我们所看到的[2]，在没有摩擦的情况下，沿相对于水平方向的一般斜面的加速度为

$$a = g\sin\theta \tag{27}$$

因此得到

$$v_f = \sqrt{2as} = \sqrt{2g\sin\theta\frac{h}{\sin\theta}} = \sqrt{2gh}$$

其中，h 为 AC 的高度。如上所证。

1　此处引用的伽利略使用的术语存有一些概念上的混淆（从牛顿时期开始力学才真正确立）。

2　自由落体的（垂直）加速度是 g。对于一个滚动的球体，加速度是 $g' < g$，因为部分能量进入了旋转能量。这个概念仍然有效。

命题(定理)：同一个物体，从静止状态开始沿高度相同的斜面或垂直面下落，下落的时间之比等于与斜面与垂直面的长度之比。

记 t_B 和 t_A 分别为到达 B 点和 A 点的时间。从 $v_B=v_A$(v_B 和 v_A 分别为 B 点和 A 点的速度)和 $v=at$ 得到

$$\frac{t_B}{t_A}=\frac{|BC|}{|CA|}$$

萨格：在我看来，我们本可以采用一个已经证明过的命题来证明上述内容，即在加速运动的情况下沿 CA 或 CB 所通过的距离与匀速运动所覆盖的距离相同，而匀速的值是最大速度的一半。显然，以相同的匀速通过 CA 和 CB 两段距离的时间之比应与 CA 和 CB 的长度之比相同。

推论：如果同一个物体从静止开始，沿着相同高度，不同倾角的平面下落，下落时间与斜面的长度成正比。

命题(定理)：一般来说，对于不同长度 s、坡度 θ 和高度 h 的平面，下降时间为

$$t=\sqrt{\frac{2s}{a}}=\sqrt{\frac{2h/\sin\theta}{g\sin\theta}}=\sqrt{\frac{2h}{g\sin^2\theta}} \tag{28}$$

命题(定理)：如果从一个垂直的圆的最高点或最低点画任何斜面与圆周相交，则沿每条斜弦的下降时间是相等的。

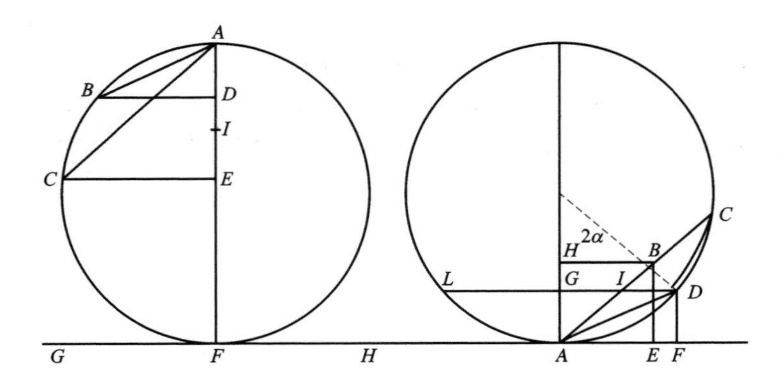

设 R 为圆周的半径[37]，s 为(下落平面)弦线长度。下落时间公式(24)将为

$$t^2=\frac{2s}{a}$$

记 2α 是弦线 AD 弦心角，斜面的高程是 α，弦线的长度是 $s=2R\sin\alpha$，得到

$$t^2=\frac{2s}{a}=\frac{4R\sin\alpha}{g\sin\alpha}=\frac{4R}{g}$$

如上所证，下落时间与所选弦线无关。

推论 1：一物体沿着从圆周上的点引向最低点的所有弦下落的时间是彼此相等的[1]。

推论 2：如果从任何一点引一条垂线和一条斜线，物体沿着这两条线下落的时间相等，那么斜线就是一个垂直线为直径的半圆上的弦。

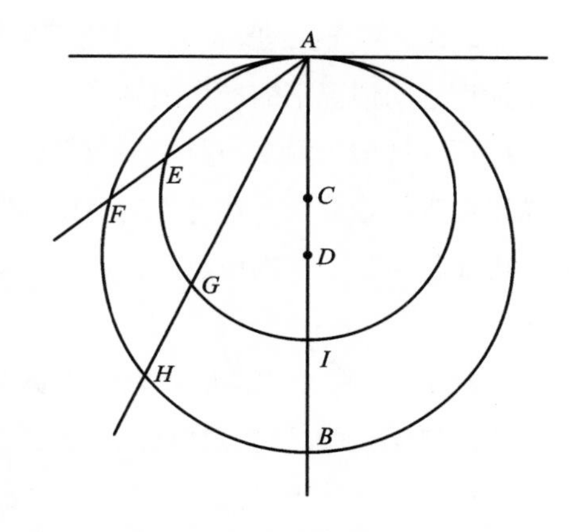

萨格：容我打断一下，我想弄清一件突然想到的事情，这个想法如果没错的话，就说明了一个奇怪而有趣的情况，就像自然界或必然推论范围内经常出现的情况那样。

如果从水平面上的任何一个固定点出发向各个方向引数条无限延长的直线，想象一个点以恒定的速度沿着这些直线移动，所有这些点都在同一瞬间，以相同的速度从固定点出发，显然所有这些运动的点都将位于一个越来越大的圆的周长上，其圆心永远是出发的固定点。这个圆的扩展方式与我们往平静的水中投下一块小石子时激起的小波浪完全相同，石子的冲击力逐渐向各个方向扩散，而冲击点仍然是这些不断扩大的圆形波的中心。

现在设想一个竖的平面，从它的最高点以任何角度画出无限延伸的斜线，再想象一些重的质点从同一时刻开始沿着这些线以自然加速运动下落。那么这些质点在任一瞬间的位置会是什么呢？答案出乎意料：前面的定理告诉我们，这些质点将总是位于一个圆的圆周上，当质点从运动开始下落得越来越远时，圆也随之增大。观察上图：无数个质点沿着无数个不同斜率的线行进，在相继的各个瞬间总是位于一个单一的、

1　这是最接近伽利略在《第一天》就证明的钟摆等时性。然而请注意，钟摆沿着弧线而不是弦线运动，因此，只有在弧长与弦长极度接近，也就是摆幅极小的情况下，等时性才真正存在：等时性只是一个近似的属性。伽利略没有观察到这点，他在《第一天》中的论述对于相对于垂直方向的较大摆幅是不对的。等时性只在摆角小于 5°时才成立，这个条件与伽利略的观察是一致的。举例来说，一个典型的最大摆角为 3°(0.05 弧度)的座钟的实际周期和等时性近似值之间的误差约为每天 15 秒。

持续扩张的圆上。因此，自然界发生的两种运动，即匀速直线运动和匀加速运动，产生了两组无限的圆系列，它们相似又不同：第一组圆系列是发源于中心的无限多的同心圆；另一组的加速度由斜率决定，是起源于最高点的无限多的偏心圆。

此外，从选为运动原点的两点出发，在水平和竖直平面上，而且向所有方向画线，就会产生无限多的球体，或者说是一个单一的球体在无限的维度上扩展；而这也是以两种方式发生的：一种是原点在球心，另一种是原点在球体的表面。

萨尔：这个想法确实充满美感，不愧是萨格雷多的智慧头脑。

萨尔：对于我的话，我大体上理解了两种自然运动是如何产生圆和球的。然而，关于加速运动情况下的产生的圆，我得承认自己还没完全明白。在任何情况下，运动的起源可以被假定为在绝对中心或在最高点，这一事实使我想到，在这些真实且奇妙的结果中可能隐藏着一些巨大的奥秘，这一奥秘与宇宙的起源有关，据说宇宙是球形的，也可能与最初的造物地点有关。

萨尔：我毫不犹豫地同意你的观点。但这类深刻的思考属于比现在讨论的内容更高级的科学。我们甘当默默无闻的工人，从采石场挖掘大理石，其后天才雕塑家从这些大理石中创造出隐藏于粗糙和不成形的外壳中的杰作[38]。现在，请让我们继续往下读。

推论 4：沿着所有与同一垂直圆相交于最高点或最低点的斜面下落的时间，都等于沿垂直直径下落的时间。沿不与直径相交的平面下落，时间较短；沿切割直径的平面下落，时间较长。

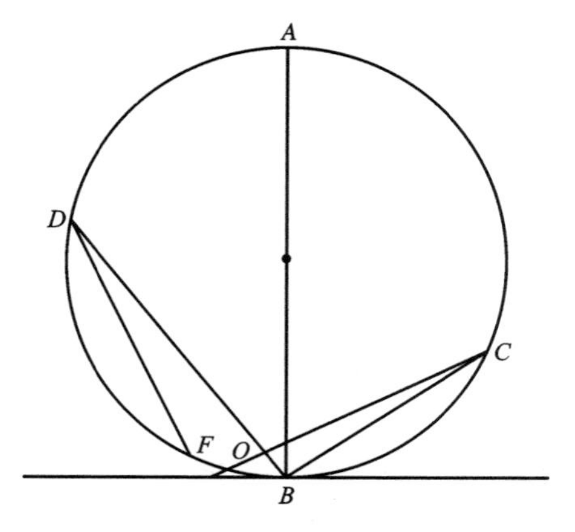

第一种说法已经得到了证明。

第二种证明非常通俗：平面 DF 比 DB 短且更加陡峭，故运动时间更短。而 CO 比 CB 更长，陡度更小，因此运动时间也更长。

命题（定理）：如果两个斜面的高度之比等于它们长度的平方之比，则从静止开始的运动的物体将在相等的时间内通过这些平面。

$$t^2=\frac{2s}{a}=\frac{2s}{gh/s}=\frac{2s^2}{gh}$$

如上所证。

命题(定理)：沿着相同高度 h 但斜率不同的斜面下落的时间之比等于这些斜面的长度 s 之比；而且不管运动是从静止状态开始还是之前从高度 h' 下落，该定理都成立。

在从静止开始的情况下，如果高度 h 不变，有

$$t^2=\frac{2s}{a}=\frac{2s}{gh/s}=\frac{2s^2}{gh}\Rightarrow t\propto s$$

若运动开始之前已从高度 h' 下落，物体于一开始时获得 $v_0=\sqrt{2gh'}$ 的运动速度，因此我们有

$$s=v_0t+\frac{1}{2}g\frac{h}{s}t^2$$

其中

$$t=\frac{\sqrt{v_0^2+2as}-v_0}{a}$$

但 $2as=2gh$ 只取决于常数 h，所以

$$t\propto\frac{1}{a}=\frac{1}{gh/s}\propto s$$

命题(定理)[39]：如果物体在沿斜面下落后继续沿水平面运动，那么在相当于下落时间的同等时长内，物体在水平面通过的距离正好是沿斜面下落距离的 2 倍。

根据均匀加速运动的定义，求得加速过程中的平均速度

$$\langle v\rangle=\frac{v_f}{2}$$

在下落运动的时长内所通过的距离将是下落后在水平面运动中通过距离的一半。

评论：用另一种方法也可以得到同样的结果。

设想一个三角形 ABC，用与其底边平行的线段表示与时间成比例增加的速度。如果这些平行线有无限多，如同 AC 上的点有无限多，或者就像任何时间间隔中的瞬时是无限多的一样，物体途经的空间将构成三角形的面积。现在假设物体继续以达到的最大速度，即 BC 线所代表的速度运动且不再加速，以此为恒定速度通过与第一个间隔相等的另一个时间间隔。在这种速度下历经的空间将以类似的方式构成平行四边形

$ADBC$ 的面积，它是三角形 ABC 面积的 2 倍；因此，在相同的时间间隔内，以这种速度通过的距离也将是三角形所示速度的 2 倍。

下面是沿水平面运动的情况：运动是匀速的，因为在这里物体既未经历加速也未经历减速。因此我们得出结论：在等于 CA 的时间间隔内，CD 所走的距离是 AC 的 2 倍。事实上，AC 区间是一个从静止开始，按与三角形的平行线成正比的速度运动通过的距离，而 CD 区间是一个由平行四边形的平行线代表的运动通过的距离，平行线的数量也是无限的，它的面积是三角形的 2 倍。

此外，我们可以观察到[1]，只要消除了加速或减速的外部原因，赋予运动物体的任意速度都将保持不变，这种情况仅发生在水平面上，因为在向下倾斜的平面上存在着加速的原因，而在向上倾斜的平面上存在减速的原因。由此可见，沿水平面的运动是永恒的，因为速度既然是均匀的，就不会减少，更不会减少到零。

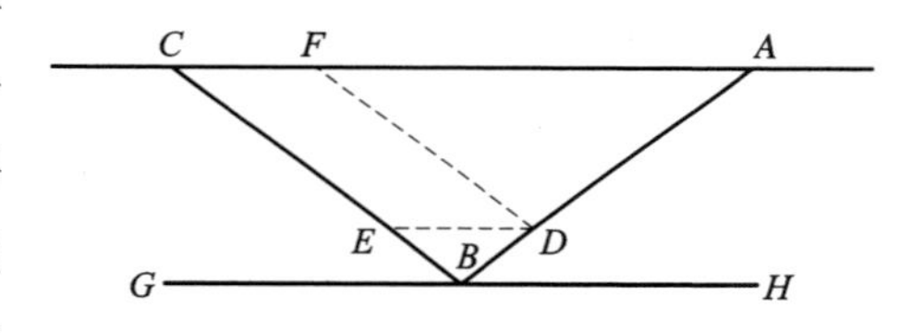

基于物体通过自然下落获得的速度同样也自然地永远保持下去，设想物体在沿着一个向下的斜面下落之后折回一个向上的斜面，那么依靠在之前的下落过程中获得的速度，在该速度单独起作用的前提下，物体将被持续的匀速运动带到无穷远处。随后它的速度将被向下的自然趋势放缓，最后停留在运动初始的同一高度。这个论点很难理解，我希望用图来演示。

假设下落运动是沿着向下倾斜的平面 AB 发生的，运动物体在该平面上转向后继续沿着向上倾斜的平面 BC 运动。假设这些平面的长度相等，位置与水平线 GH 形成等角。众所周知，一个在 A 处从静止开始沿 AB 方向下落的物体，将获得与时间成正比，且在 B 处达到峰值的速度。如果消除所有的加、减速的外力因素，物体会一直保持这个最大速度不变。我所指的加速是指倘若物体继续沿着平面 AB 的延长线运动将受到的加速度，而减速则是指物体转而沿着向上倾斜的平面 BC 运动时遭遇的速度放缓。但是在水平平面 GH 上，物体会保持一它从 A 处下落后在 B 处获得的匀速度。此外，这个速度使得物体在沿 AB 下落的相等时间间隔内通过的水平距离等于 AB 的 2 倍。继续想象同一个物体在下落到 B 之后沿着斜面 BC 移动。在物体开始上升的那一刻，由于其本质属性，它受到了从 A 开始沿 AB 下落时相同的影响，也就是说拥有

1　此处开先河地以文字形式记录了现在被称为惯性定律的内容。这是物理学的一个范式转换：人们认为，一旦失去了运动的原因，物体就会放慢速度直到停止。

AB 段向下运动的加速度，并且在相同的时间间隔内沿着第二个平面通过与 AB 段相同的距离。显然同一个物体上叠加了一个上升的匀速运动和一个下降的加速运动，它会沿着平面 BC 被输送至点 C，此处这两个速度变得相等。

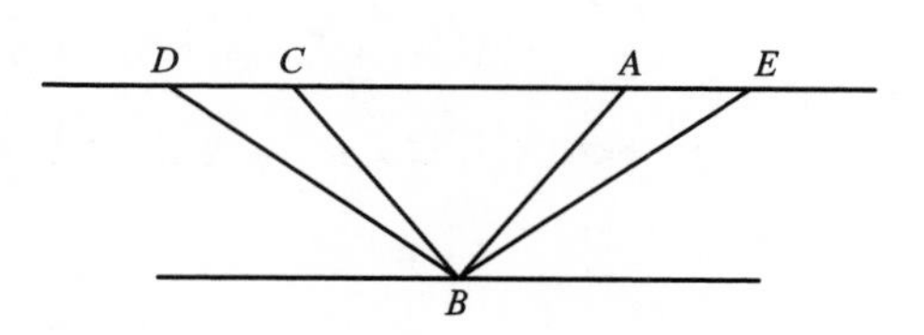

现在取两个与顶点 B 等距的点 D 和点 E，可以推断出沿 BD 的下落运动与沿 BE 的上升运动同时发生。画与 BC 平行的线 DF，可知物体在沿 AD 下落后将沿 DF 上升；或者在到达 D 时，物体被迫使沿水平方向的 DE 运动，它将以离开 D 时的相同动量到达 E；然后从 E 开始上升到 C，已证明物体在点 E 和在点 D 的速度相同。

由此，我们可以合乎逻辑地推断，一个沿斜面下落的物体获得动量后，继续沿一个向上的斜面运动，将上升到水平面以上的同等高度。比如物体沿 AB 下落后，将沿平面 BC 运动，最后被带到水平线 ACD：平面的倾斜度无论相等还是不同，如平面 AB 和 BD 的情况，这点都是正确的。但我们之前已经证实了，物体在倾不同但垂直高度相同的斜面上下落时获得的速度是相等的。因而，若平面 EB 和 BD 斜率相同，沿 EB 的下落运动得以推动物体沿 BD 到达点 D。这样的推动力来自到达 B 点时获得的速度，无论物体是沿 AB 还是沿 EB 下落，在 B 点的速度都是相同的。显然，不管是沿 AB 还是 EB 下落，物体都会被推动力带上 BD 上。然而，正如沿 EB 的下落时长大于沿 AB 的下落时长，沿 BD 的上升时间会比沿 BC 的上升时间长。补充一句，前文已经证明这些时间间隔之比等于平面的长度之比。

命题(定理)[40]：从一个垂直圆的最低点出发，引一斜面 DC，该平面对应的弧度不超过四分之一圆，从这个平面的端点引另外两个平面 DB 和 BC，它们与弧线相交于点 B。那么沿着后两个平面的下落时间之和将短于沿着单一平面 DC 下落的时间，也短于沿着比 DC 更低平的单一平面下落的时间。

我们想证明

$$t_{DC}-t_{DBC}=(t_{DC}-t_{DB})-t_{BC}(v_B)>0 \qquad (29)$$

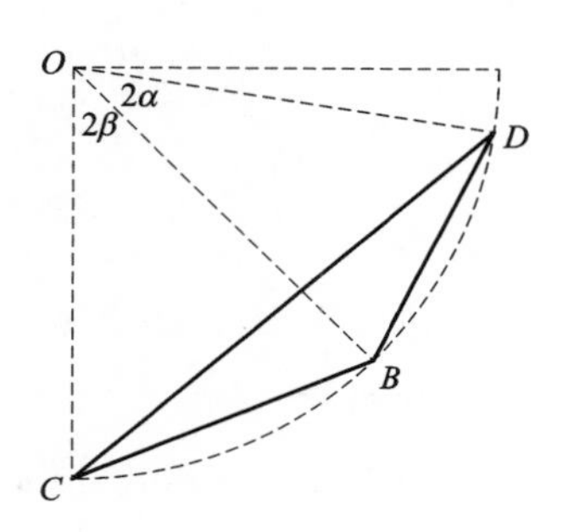

其中，t_{DC} 和 t_{DB} 分别为重物从静止开始通过 DC 和 DB 段所需的时间，t_{DBC} 是从 D 处于静止状态开始依次通过 DB 段和 DC 段所需的时间，$t_{BC}(v_B)$ 是以速度 v_B 开始在 BC 段下落所需的时间。

平面 DC 在水平面上的仰角由 $\alpha+\beta\equiv\varphi$ 表示，而 DB 的仰角 $=\varphi+\beta$；$D\hat{C}B=\alpha$，$B\hat{D}C=\beta$。

由于物体在 D 处从静止开始运动，我们得到

$$v_C=\sqrt{2g\mid DC\mid\sin\varphi}\text{；}\sqrt{2g\mid DB\mid\sin(\varphi+\beta)}$$

注意，如前文所证，v_C 与物体从点 D 下落至 C 处的路径是线段还是多边形无关，和

$$t_{DC}=\sqrt{\frac{2\mid DC\mid}{g\sin\varphi}}\text{；}t_{DB}=\sqrt{\frac{2\mid DB\mid}{g\sin(\varphi+\beta)}}$$

所以

$$t_{DC}-t_{DB}=\frac{\tilde{v}_C-\tilde{v}_B}{g\sqrt{\sin\varphi\sin(\varphi+\beta)}}\tag{30}$$

伴随

$$\tilde{v}_C=\sqrt{g\mid DC\mid\sin(\varphi+\beta)}\text{；}\tilde{v}_B=\sqrt{g\mid DB\mid\sin\varphi}$$

通过代数运算，从等式(30)得到[41]：

$$t_{DC}-t_{DB}=\frac{2\mid BC\mid\sin2\varphi}{v_C\sin(\varphi+\beta)+v_B\sin\varphi}\tag{31}$$

由于

$$t_{BC}(v_B)=\frac{\mid BC\mid}{(v_C+v_B)/2}$$

得到

$$t_{DC}-t_{DBC}=\frac{2\mid BC\mid}{(v_C+v_B)[v_C\sin(\varphi+\beta)+v_B\sin\varphi]}\cdot\Delta\tag{32}$$

和

$$\begin{aligned}\Delta&=v_C[\sin2\varphi-\sin(\varphi+\beta)]+v_B(\sin2\varphi-\sin\varphi)\\&=2v_C\sin\frac{\alpha}{2}\cos\frac{3\varphi+\beta}{2}+2v_B\sin\frac{\varphi}{2}\cos\frac{3\varphi}{2}\end{aligned}$$

请注意，$2\alpha+2\beta=2\varphi<\pi/2$，$\alpha>0$，$\beta>0$，因此公式(32)的结果总是正数。由此证明该命题的第一句话。

第二句话的证明相当简单。如上所述，$t_{BC}=t_{DC}$（当重物在两种情况下都以零速度

开始运动）。

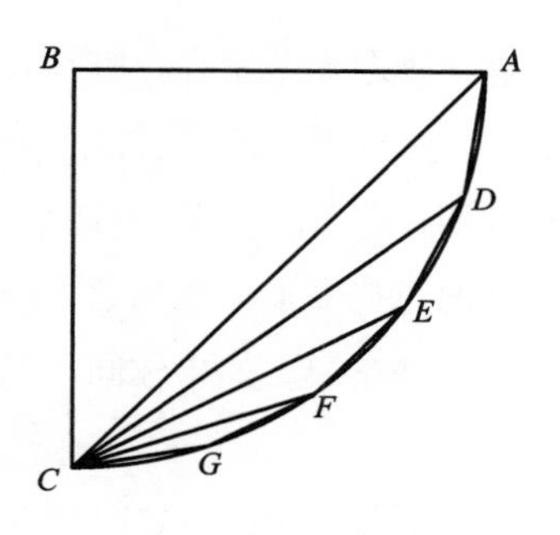

从上面演示中似乎可以得出结论：两点之间最快的运动不是沿着最短的线，即直线段发生，而是沿着圆弧[1]发生的。在垂直象限 *BAEC* 中，把弧线 *AC* 分成任意数量的相等部分 *AD*、*DE*、*EF*、*FG*、*GC*，从 *C* 点引直线到 *A*、*D*、*E*、*F*、*G* 点；同时画直线 *AD*、*DE*、*EF*、*FG*、*GC*。很明显，沿 *AD* 和 *DC* 两条弦的下落速度比只沿 *AC*，甚至是从 *D* 处静止开始沿 *DC* 的下落速度要快。以此类推：在沿 *ADEF* 下降之后，沿两条弦 *FG* 和 *GC* 的下落比沿单段 *FC* 的下落更快；沿 5 条弦 *ADEFGC* 的下落比沿 4 条弦 *ADEFC* 的下落快。从而，内接多边形越接近于圆，从点 *A* 到点 *C* 之间的下落就越快。对于四分之一圆所建立的结论也适用于较小的弧，推理相同。

萨格[42]**：**事实上，可以毫不过誉地承认，我们的院士在这篇论文里，为一门描述一个极其古老课题的新科学奠定了基础。看着他从一条单一原则推导出这么多定理的证明，我不明白为何这些问题没得到了阿基米德、阿波罗尼（古希腊语：Ἀπολλώνιος）、欧几里得（希腊文：Ευκλειδης）和其他众多杰出的数学家和哲学家们的关注。让我尤为纳闷的是，如此多研究运动论题的鸿篇巨制都忽略了它们。

萨尔：欧几里得写过一篇关于运动的论文[43]，但没有迹象表明他已着手研究加速度的特性及其随斜率变化的方式。我们现在可以宣布，这扇通往新科学的大门第一次被打开了，门后的新方法蕴藏着大量神奇的结果，在未来的几年里，会有其他智慧的人前去一探究竟。

萨格：我真的相信，如同欧几里得在他的《几何原本》第三册中所证明的圆的少数几个性质推导，并引现出众多更深奥的性质一般，若有善于思索的头脑采纳了这篇小论文中建立的原理，必将推导出数目可观的、更为引人瞩目的结果。我下此定论是因为

1　下面的推理是错误的，其实结论也不对：运动最快的线，即所谓的“最速降线”，不是一个弧线的周长。“最速降线”问题直到 1697 年才被约翰·伯努利（Johann Bernoulli）解决，他使用的微积分方法在伽利略的时代是未知的，“最速降线”实为摆线。伽利略的推理中还有一个逻辑上的谬误，歪打正着地证明了沿圆周运动比沿任何内切多边形运动更快这个（真实）事实。这是一个“轻率”的过失：从已提及的要素中可以正确推导出结论，但伽利略忘了证明一个必要的命题：即一个物体以其先前下落时的非零速度开始运动，沿两个平面下落的时间也比沿单一平面的运动时间要短。

这个主题如此崇高，在自然界中无出其右。

在这漫长而辛苦的一天里，我对这些定理的欣赏甚于对证明的欣赏，对其中不少证明仅仅一知半解，为此我还得逐一为每一项证明耗上一个多小时来加以研究。如果你愿意把书留给我的话，我打算在读完关于抛体运动的剩余部分后，安静且愉快地开展这项学习。如果你同意的话，我们明天可以继续讨论。

萨尔：我一定如约而至！

第三天结束。

Fourth Day

第四天
抛体运动

对话者：

萨尔维亚蒂（Salviati，简称“萨尔”）

萨格雷多（Sagredo，简称“萨格”）

辛普利西奥（Simplicio，简称“辛普”）

萨尔： 辛普利西奥来了，那就不要耽搁即可开始讨论吧。以下是作者的文章：

关于抛体的运动[44]

我们已经思考了匀速直线运动的性质和在任意斜率的平面上匀加速运动的性质。从现在开始，我会把研究拓展到由匀速直线运动和匀加速运动这两者组成的复合运动上，并提出一些基本要素并加以证明。这种情况下出现了抛体运动。

想象一个在没有摩擦的情况下在水平面上推进的物体。从前文可以得知，如果这个平面是无限的，那么在此平面上的运动将是永恒的。但在此处的假设中是平面有限的，并且位于高处。假想物体很重，它被驱动到平面的末端并继续前进，之前水平面上的匀速直线运动叠加了因物体自身重量产生的向下运动的倾向，由此诞生了一个由水平匀速运动和自然加速的向下运动组成的运动，我称之为抛射。下文中会展示一些属于它的性质，最首要的性质是：

命题(定理)：由一个水平匀速运动和另一个匀加速向下运动复合而成的平抛运动，描绘的路径是一条半抛物线。

萨格： 萨尔维亚蒂，为了我，相信也是为了辛普利西奥，请在这儿停顿片刻。我自认为在几何学的研究上还不够深远，要是不对抛物线和其他圆锥曲线[1]做更多了解，应该无法跟上用相关知识证明命题的步伐。因为即使在这第一条美丽的定理中，作者也坚持要证明抛体的路径是抛物线。我期待中对此类曲线的讨论，即使称不上对阿波罗尼[45]所证明的所有性质都有透彻的了解，至少也得从一定程度上把握那些对于理解讨论不可或缺的性质。

萨尔： 你不必那么谦虚。我们在讨论材料的强度时也搬出了阿波罗尼的某条定理，当时看来并没有阻拦到你推理的脚步。

---

1 圆锥曲线表示在笛卡尔平面内由二次方程表示的曲线(抛物线、双曲线、椭圆与圆周的特殊情况)。在与笛卡尔和伽利略同时代诞生的解析几何学被使用之前，这些曲线是根据几何特性构建的，特别是通过用一个平面剖开一个直圆锥体。通过将圆锥体与一个平面相交而获得一条封闭的曲线，这条曲线就是一个椭圆(如果平面垂直于圆锥体的轴线，则得到圆周)。用一个平行于其中一条生成线的平面对其解剖，可以得到一个抛物线。与一个比切割抛物线的平面角度更大的平面相交得到的开放曲线是双曲线的一个分支。

萨格：也许是迫于那场讨论的时间限制，我硬着头皮接受了。但是现在，我们还得打起精神继续理解一个又一个新的证明，我实在不想在尚未消化之际囫囵吞枣，那纯属浪费时间和精力。

辛普：萨格雷多俨然已胸有成竹，而我连基本的术语都一头雾水。在我的印象中，我们敬仰的哲学家们已经讨论过抛体运动，却不曾有人谈及过抛射物的路径，只是蜻蜓点水地把它描绘为一条永恒的曲线，除非抛射是垂直向上的。假如在前几天的讨论中习得的一星半点的欧几里得定理，还不足以用来理解后续的论证，我将只能被迫在一知半解的情况下接受那些定理。

萨尔：正相反，我希望让你借作者的论述自学成才。作者是如此才华横溢，在我有幸得其许可研读此文的那一刻，尚无任何相关知识的储备，但还是顺利地理解了他对抛物线性质的诠释，而当时的我手头连半本阿波罗尼的著作都没有。

参照右图，设想一个直立的正圆锥，它被一个平行于其边 lk 的平面所切割；抛物线在此定义为平面本身（线段 bac 所属）在锥体表面扫过的圆形截面。

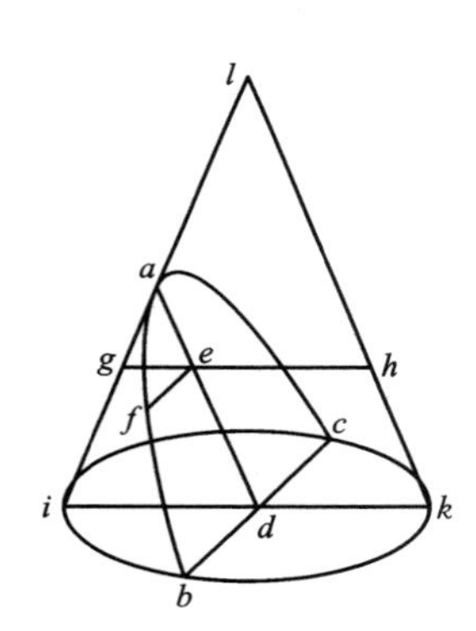

求证的抛物线性质如下：

$$\frac{|da|}{|ea|}=\frac{|bd|^2}{|fe|^2} \tag{33}$$

由于 bd 垂直于圆 ibk 的直径 ik，则

$$|bd|^2=|id|\cdot|dk|$$

同样的，在圆的上半部分

$$|fe|^2=|ge|\cdot|eh|$$

但由于 $|dk|=|eh|$（正切面平行于轴 lk），用以上两个等式中的第一个除以第二个可以得到

$$\frac{|da|}{|ea|}=\frac{|bd|^2}{|fe|^2}$$

条件(33)可以指向平面 xy 中顶点位于坐标(0,0)的抛物线。

$$y=kx^2 \tag{34}$$

这个方程可以作为（在平面 xy 上适当选择轴和原点的）抛物线的定义。

现在回到文中,观察作者如何证明一个由水平匀速直线运动和垂直下落运动复合的运动物体描绘一条半抛物线。

设想一条抬高的水平线或一平面 ab,一个物体以匀速从 a 到 b(在图中向左)运动。假设 b 是这个平面的边界;那么物体在 b 处由于自身重量也将获得一个沿垂直方向 bn 的自然向下的运动。水平线上同时标注了时间的量度,这些时间分成 bc、cd、de 等若干段,各代表相等的时间间隔。从 b、c、d、e 点分别引向下的垂直线。在第一条线上取任意距离 ci,在第二条上取它的 4 倍长距离 df;在第三条线上取它的 9 倍距离 eh,以此类推,以这些线段的平方比继续下去。

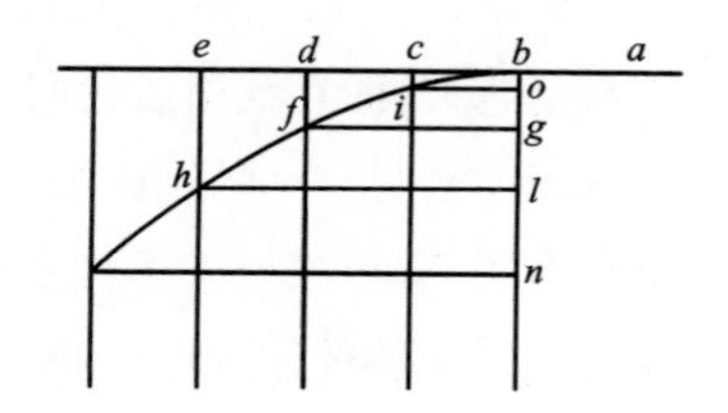

简而言之,称 x 为向左方向的水平面,y 为相对于水平面的高度,v_0 为水平速度,得

$$x=v_0t\Rightarrow t=\frac{x}{v_0}$$

$$y=-\frac{g}{2}t^2$$

因此,在第二个方程中代入第一个等式求得的时间

$$y=-\left(\frac{g}{2v_0^2}\right)x^2 \qquad (35)$$

如上所证,实为半抛物线。

萨格: 不可否认,这个论证非常新颖、巧妙、具有结论性。但它是以某些假设为依据的,即水平运动保持匀速,垂直运动持续以与时间的平方成正比的方式向下加速,这些运动和速度的组合互不改变、干扰或阻碍[1],因此运动进程中的抛射物的路径没有变化。但是依我来看,这是不可能的,因为重物的自然运动必须以地球中心为终点;由于抛物线越来越偏离垂直方向,没有任何抛体能够到达地球中心,在大势所趋之下,其轨迹变成另一条与抛物线非常不同的曲线。

1 第一次明确指出水平运动和垂直运动结合思考的可能性不明显,但一定程度上提出了关于线性方程的思考。叠加原理说明拆解线性问题是可能实现的:如果人们能够将输入数据写成几个独立的线性组成部分,就有可能通过单独分析每个组成部分来解决问题。伽利略是第一个意识这个可能性不明显,并需要通过实验进行验证的人;尼古拉·奥里斯梅(Nicolas Oresme)在其 1377 年的著作《天地通论》(*Le livre du ciel et du monde*)(可能是第一部正式谈论运动组合的论文)中在对平面运动进行类似的运动学分析时,已经视其为理所当然的。

辛普：不光这些，我还有其他的疑惑可以补充。其一是我们假设水平面既不向上也不向下倾斜，用一条直线表示它的话，仿佛这条直线上的每一个点与地球中心都是等距离的，但这是不正确的，因为当一个人从直线的中心出发向两端前进时，他就与地球的中心渐行渐远，从而向上运动。由此可见，直线运动不可能是匀速的，其速度必然下降。此外，我不知道如何避免介质的阻力，它必然破坏水平运动的均匀性并改变自由落体的加速度规律。因此，从这种不可靠的假设推得的结果在实践中相当站不住脚的。

萨尔：你提出的所有这些困惑和异议都是有理有据、不可忽视的。我个人准备欣然接受它们，而且我相信我们的作者也会妥协。水平运动永远不会是完全匀速的，轨迹永远不会是精确的抛物线，诸如此类的矛盾都是真实存在的。但是，另一方面，我请你们考虑一下，其他知名作者也像我们的作者一样，做了一些非严格意义上的假设。唯独阿基米德的权威性让所有人心服口服：他在其著作《论力学》(*Le Meccaniche*)[46]中提到，天平的秤杆可以用一条直线来表示，其平衡点是悬挂其上的重物的共同重心，而且物体的重量方向是相互平行的。

对于某些人来讲，这种假定也能接受，因为在实践中，我们的仪器和所涉及的距离与到地球中心的漫漫长路相比是如此之渺小，于是我们大可把大圆上的1弧分弧度视作一条直线，并认为两端下落垂线是互相平行的。如果在现实实践中必须考虑到如此渺小的量，人们首当批评那些胆大妄为的建筑师们，他们敢用一根铅垂线来建造高塔，而预先假设塔的边沿是平行的。

我还有一点可以补充，在所有其他学者的讨论中，阿基米德和其他人认为自己与地球中心的距离是无限的，这种情形下他们的假设没错，得到的结论也是正确的。如果想把已经证明的结论应用于无比宏大但有限度的距离，那就必须在已验证原理的基础上计算出我们到地球中心的距离不是真正无限，而只是与测量仪器的小规格相比非常庞大这一事实，应该做出什么样的修正。这些问题中最重要的是抛射的范围，它无论多大都不会超过4英里，这个距离相对我们与地球中心相隔的4 000英里来说实在过于微不足道[47]。对于以物体表面为终点的抛射路径，其抛物线图形上仅会发生微乎其微的变化；但我也要承认，在以地心为终点的情况下，抛物线形状会经历翻天覆地之巨变。

至于介质阻力引起的扰动，那就更可观了，毕竟介质的形式五花八门，准确描述也很有难度。单就空气对运动的阻力而言，它的干扰方式可谓数不胜数，这与抛体的形状、重量和速度的无限变化是吻合的。至于速度的话，速度越大，空气提供的阻力就越大，这种阻力会随着运动物体的密度降低而增大。一个下落物体在理想的条件下应该不受其重量的影响，按时间的平方行进距离，但如果它从一个非常高的位置下落，空气阻力将妨碍速度过度增加，导致运动速度变得均匀；运动中的物体密度越小，此番转变就越快，短暂下落后物体就变为匀速运动。即使是水平运动，如果没有障碍物，它的速度将会是均匀和恒定的，但它也会因为空气阻力而改变并于最终停止运动；还是一样，物体的密度越小，这个过程就越快。

由于我们没有办法准确地描述重量、速度以及形状这些特性，要想科学地处理这个问题，必须设法从困境中解脱出来，在忽略阻力的前提下揭示并证明了一些定理，随后在实验允许的范围内实践和应用它们。这种方法优势明显，因为抛体的材料可以尽可能选密实的，形状越圆越好，这样遭遇到的介质阻力最小。一切就绪后，空间和速度与计算结果的误差将非常小，很容易校以精确的、适当的修正。

我们选定的是由硬质材料制成的、形状为圆形的抛体，或者是由较轻材料制成的、形状如箭般的柱形抛体，与准确的抛物线路径偏差相当之小。其实，如果我花点时间，完全可以通过两个实验向你证明，实际涉及的长度非常短，以至于这些外部的、偶发的阻力（其中介质的阻力最为显著）肉眼几乎无法察觉。

继续考虑空气中的运动，因为这是我们现在特别关注的问题。空气阻力表现在两个方面：第一，对低密度物体提供的阻力比对高密度的物体大；第二，对同一物体的快速运动提供的阻力比对慢速运动大。

对于上述第一种情况，假定有两个相同大小的球，其中一个的重量是另一个的 10 倍或 12 倍：比如，一个是铅球，另一个是木球，它们都从 150 臂或 200 臂的高度落下。实验表明，如果两个球在同一时刻从同一高度开始下落，它们到达地面的速度有极其细微的差别，显然在这两种情况下，空气造成的延迟都很小。如果铅球遭遇的阻力较小，而木球因空气阻力而迟滞，那么前者应该比后者更早触地，因其重量是后者的 10 倍。但这一切并没有发生。事实上，两球落地的相差时间差甚至不及下落全程的百分之一。而对于重量只有铅的三分之一或二分之一的石球来说，两球下落的时间差异将几乎察觉不到。想象一个铅球从 200 臂的高度落下时获得惊人的速度，若在与下落时长相等的时间间隔内继续保持匀速运动，铅球将通过 400 臂的距离，而且这个速度与弓弩或除火器外的其他武器赋予抛体的速度相比是非常可观的。因此，我们即将通过忽略介质阻力来证明的那些命题可以说是近似于绝对真实的。

关于第二种情况，我们必须证明快速运动的物体遭受的空气阻力并不比慢速运动的物体的空气阻力大很多，下面的实验会加以证明。在两根 4 臂或 5 臂的等长线上挂上两个同等重量的铅球，然后悬挂到天花板上；现在把它们从垂直位置拉开，一个拉开 80°或更大的度数，另一个偏移不到 4°到 5°，当释放它们时，一个球经过垂直线下落并描绘出 160°、150°、140°等大而缓慢递减的弧线，另一个球摆动着 10°、8°、6°等小而缓慢递减的弧线。必须注意到，一个钟摆在通过其 180°、160°等弧线的同时，另一个钟摆在其 10°、8°等弧线上摆动。由此可推，第一个球的速度也比第二个球的速度大 16 倍或 18 倍。如果空气在高速运动时提供的阻力明显大于低速，大弧度(180°或 160°等)的摆动频次应低于 10°、8°、4°等小弧度的频次，甚至低于 2°或 1°弧的频次。但这一推测并没有得到实验的证实：如果两个人一起数摆动次数，一个人对大弧摆动计数，另一人则数小弧的摆动，他们会发现在数完几十个甚至上百个摆动后，两个摆相差不超过一次。

萨格：我们无法否认空气阻碍了这两种运动，因为两者都变慢并最终消失，所以也就必须承认每种情况下减速的比例是一模一样的。那原因何在呢？就实际情况而言，提供给一个物体的阻力凭什么大过施加于另一个物体的阻力呢？除非快速物体比慢速物体有更大的动力和速度接受阻力。如果真是如此，物体的运动速度就是它所遇到的阻力原因和度量。因此，所有的运动，无论快慢，都以同样的比例受到阻力而减速。这个结论在我看来不容小觑。

萨尔：因此可以放心大胆地断言，不考虑偶发因素的话，我们用仪器证明的结果误差将会在非常小的范围内，因为这里涉及的速度大多很快，而距离与地球半径相比可以忽略不计。

辛普：我想听听你对火器抛体的看法，即那些使用火药的抛体与使用弓弩、抛石器和弹弓发射的抛体归属于不同类别，理由是它们受到的空气阻力不一样。

萨尔：我之所以持这种观点，是由于火器的抛射物具有巨大的，可以说是超自然的猛力。我可以毫不夸张地说，从火枪或大炮发射的弹丸速度是超自然的[1]。假如一个类似的球体从高处落下，它的速度因为空气阻力的关系不会无限增加。低密度的物体在短距离下落时的发生的情况(运动经历一个加速阶段后降至匀速状态)也会

1 这里“超自然”的意思并非“奇迹般的”，单指通过自然过程不可能实现的。举个反例，自由落体是“自然”的。

在铁球或铅球下落几千臂的距离后见到。它们的最终速度是同样重物在空气中下落时自然获得的最大速度。然而，我认为这个速度比火药燃烧时传给炮弹的速度要小得多。

我们将通过一个合理的实验来证实这件事。用装有铅弹的枪从 100 臂或以上的高度垂直向下对石板路开火，持同一把枪再从 1 臂或 2 臂的近距离射击，观察两颗铅弹中哪颗撞扁得更严重。如果从高处飞来的子弹是两者之间凹陷不太厉害的，这就意味着空气发挥了干扰作用，减少了火器最初传给子弹的速度；无论子弹从什么高度下落，空气都不允许它获得如此大的速度；因为如果火器传给子弹的速度不超过自由落体的极限速度，它的向下冲击应当更强而不是更弱。

我没有做过这个实验[48]，但我的意见是火枪或炮弹从任何高度下落都不会产生和几臂开外的近距离对墙射击一样的猛烈冲击。言下之意，在如此短的射程内，空气阻力不足以削弱火器赋予子弹的超自然猛力。

这些猛烈射击的巨大动量可能会从某种程度上造成弹道变形，使抛物线的起始部分比末端更平坦，弧度也相对较小。但按作者的观点，这对实际应用没有什么影响，其中最主要的是编制一个间隔表或高空射击公式，把抛体达到的距离作为仰角的函数。由于这种射击是用少量火药从迫击炮发射的，它们不会发出超自然冲击，而且将完全按照规定的路线行进。

现在让我们应作者之邀，继续探讨两种运动复合而成的物体运动。先来研究两种运动都是匀速的、沿垂直方向发生的情况。

命题(定理)：一个物体的运动由两个匀速运动组合而成，其中一个是水平运动，另一个垂直运动，则合成运动速度的平方等于两个分量速度的平方之和。

设想一个物体被两个匀速运动所推动，ab 代表垂直位移，而 bc 代表在相同时间间隔内在水平方向发生的位移。设 ab 和 bc 是在相同时间间隔内以匀速运动通过的距离，被这两个匀速运动所推动的物体描绘出对角线 ac，其速度与 ac 成正比。ac 的平方等于 ab 与 bc 的平方之和。故合成运动所产生的速度的平方等于两个速度 ab 和 bc 的平方之和，如上所证。

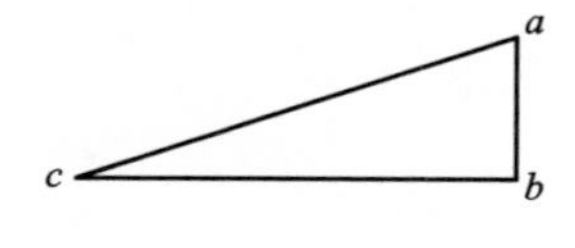

辛普：关于这个问题，我仅有一个小小的疑问，希望你能为我解释一下。你刚刚得出的结论似乎与昨天的一个命题相矛盾，在以前的命题里一个物体从 a 点到 b 点的速度等于它从 a 点到 c 点的速度；而你现在的结论是 c 点的速度比 b 点的速度大。

萨尔：辛普利西奥，这两个命题都对，只是涉及的对象不同而已。我们现在谈论的合成运动是一个物体被单一运动所推动，并且由两个匀速运动组成的；而昨天谈及的是两个物体，它们各自被一个自然加速运动推动，一个沿垂直面 ab 运动，另一个沿斜面 ac 发生。此外，时间间隔也不一样：沿斜面 ac 运动的时间间隔大于沿垂直面 ab 的时长；而此处所言的是沿 ab、bc、ac 展开的、同时发生的、速度均匀的运动。

辛普：抱歉，我现在明白了，请你继续吧。

萨尔：作者紧接着解释了当一个物体受到由水平的匀速运动和垂直的自然加速运动合成的运动推动时会发生什么情况。正如我们所看到的，这两个运动复合为抛体运动，其运动路径是一条抛物线。问题是要确定抛体在每一点的速度。作者阐述的方法是沿着重物从静止开始以自然加速运动下落的路径来测量。

设想一个运动从 a 处的静止状态开始沿着垂直线 ab 发生；在这条线 ab 上取中点 c；设 $|as|$ 是 $|ac|$ 和 $|ab|$ 之间的比例中项。

$$|as| = \sqrt{|ab| \cdot |ac|}$$

将证明

$$\frac{v_C}{v_B} = \frac{|ac|}{|as|}$$

事实上，根据加速公式 $s(t)=1/2gt^2$ 和 $v=gt$，

$$\frac{v_C}{v_B} = \frac{t_C}{t_B} = \sqrt{\frac{|ac|}{|ab|}}$$

但是

$$|as| = \sqrt{|ab| \cdot |ac|} \Rightarrow \sqrt{\frac{|ac|}{|ab|}} = \frac{|ac|}{|as|}$$

如上所证。由于 $s(t)=1/2gt^2$，且 $v(t)=gt$，

$$v(s) = \sqrt{2gs}$$

由此清晰地展现了测量物体沿其下落方向的速度的方法：速度的增加与时间成正比，从而与通过距离的平方根成正比。

但在进一步讨论之前，基于这个讨论与由水平的匀速运动和垂直向下（抛体的

路径，即抛物线）的加速运动合成的运动有关，在此提醒读者，我把水平线 cb 称为半抛物线 ab 的“幅度”，甚至是“射程”；把这条抛物线的轴 ac 称为“高度”；而沿着被称为“高程”的线段将决定从其高度下落后水平运动的速度。回顾完这些定义之后，让我们继续。

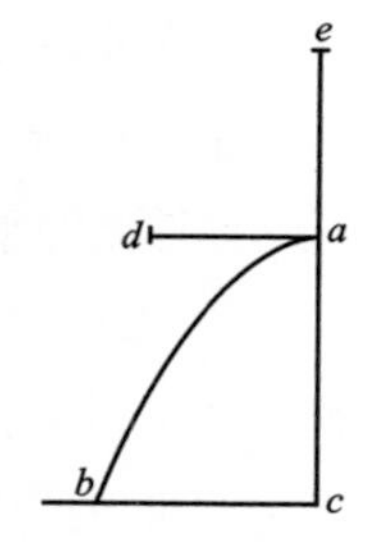

萨格： 请允许我打断一下，我想指出作者的这一思想完美地契合了柏拉图关于天体旋转的各种均匀速度起因的观点。柏拉图深信，一个物体不可能从静止状态转向任何给定的速度并保持匀速，除非历经介于两者之间所的所有中间速度。根据他的思想，上帝在创造了天体后，确定了它们在永恒旋转的匀速度，并使它们像地面物体运动一般，从静止开始以自然和直线的加速度通过确定的距离。随后，天体一旦获得了合适的、永久的速度，就从直线运动转换为圆周运动，这是唯一能够保持速度均匀性的运动，在这种运动中，物体围绕中心旋转，既不远离也不靠近。

柏拉图的这个概念确实值得推崇，而且会显得更为弥足珍贵，因为它的根本原则一度遭到雪藏，直到我们的作者发现，并揭开了蒙住其本质的面具和诗意的外衣以正确的视角呈现了这个观点。考虑到当代天文学已经如此全面地提供了关于行星轨道的尺寸、天体与其旋转中心的距离以及旋转速度等信息，相信我们的作者对柏拉图的思想并不陌生，他一定有志于计算出每颗行星的“高程”。行星从这个特定高度自静止状态开始，以自然加速的运动沿直线下落，然后将由此获得的速度转为圆周运动，其轨道的尺寸和旋转周期就是实际观察到的信息[49]。

萨尔： 我记得他说自己曾经算出得过，而且相当满意结果与观察的匹配度。但他本人不想谈及此事，他很担心既然自己的诸多新发现已经招来莫须有的污名，公开此事搞不好是火上浇油。有心之士若想获取这些信息，可以从本文涉及的理论中自行提炼。现在让我们继续讨论下一个问题，也就是证明以下命题。

命题（问题）： 确定抛体在给定抛物线路径上各个点的速度。

速度的平方等于恒定的水平速度的平方加上与时间，也就是沿垂直方向通过距离的平方根成正比的垂直速度的平方。利用前面的等式可以得出

$$v=\sqrt{v_0^2+2gh}$$

萨格： 你将这些不同的动量结合在一起求得结果的方式让我倍感新奇，我的头脑

一时半会儿消化不了。我指的不是两个匀速运动的合成，即使它们速度不等也无妨，一个是在水平面上发生的，另一个是沿垂直方向发生的，因为我确信在这种情形下，合成运动速度的平方等于两个组成分量速度的平方之和。令我困惑的是把水平的匀速运动和垂直的自然加速运动结合起来的情况。相信我们可以进一步推进这番讨论。同样两个匀速运动的情况，一个水平运动，另一个垂直运动，我想更清楚地了解从合成运动中求得结果的方式，希望你能理解我的诉求。

辛普：于我而言，解释就更少不得了。

萨尔：你们的要求完全合理，我希望随着对这些问题的深入思考能扫除这些困惑。但是，如果我在解释中重复了不少作者已经讲过的事情，也请你们见谅。

在为速度和时间建立一个衡量标准之前，我们对运动和速度尚且无法准确地加以描述。就时间的测量而言，我们知道小时、分钟和秒钟。对于速度，就像对于时间间隔一样，需要有一个为所有人理解和接受的通用标准。为此，作者采用了自由落体的速度，因为这个速度在世界各地都是按照相同的规律增加的。例如，一个重 1 磅的铅球从静止开始从高处垂直落下，比方说，相当于 1 支长矛的距离时获得的速度在所有地方都是相等的。因此，用它来表示自然落体情况下获得的速度是极为合适的。

如何在匀速运动的情况下测量速度，设立一个共同的标准平息所有争论不休，依然是个有待研究的话题。这么做可以防止过于夸张的妄想或小于实际的低估，因为我们想避免不同的人在将一个给定的匀速运动与一个加速运动合成时获得不同的结果。我们的作者发现，要想确定和表示这个速度，最佳之选就是使用自然加速运动中的物体所获得的速度。以这种方式获得速度的物体转向匀速运动时，会在与下落时间相等的时间间隔内穿越相等于下落高度的 2 倍的距离。但是，由于这是我们讨论的核心问题，我想用一个特殊的例子来证明。

设想一个物体落下 1 支长矛的高度时获得的速度，以此作为我们测量其他速度的单位。例如，假设这样一次下落的时间是 4 秒[1]；为了测量通过任何其他高度的下落所获得的速度，不管是更大还是更小，绝不能断定这些速度与下落的高度有相同的比例。举例来说，扬言在给定高度的 4 倍处下落所获得速度等于在给定高度处下落获得速度的 4 倍，这是不对的，因为自然加速运动的速度与时间而不是距离成比例变化。如前

1　这句假设不必指望完全正确，从 1 支长矛的高度落下的实际时间约为 0.9 秒。

文所述，距离之比等于时间之比的平方。

为了简明扼要地说明，我们取同一条直线作为速度、时间，以及在这段时间内所通过的距离的度量，就可得出同一物体在通过每个距离时获得的速度与距离的平方根是成正比的。

$$v = gt = \sqrt{2gs}$$

总之，确立好这些事项，高度$|ab|$可以作为本讨论中涉及的各种物理量的度量。

搞清楚这一点后，可把注意力转向复合运动情况下的速度。

如果两个分量的运动都是匀速的，且两者之间互成直角，我们已经知道合成量的平方是由分量的平方相加得到的。作为获得两个匀速运动（一个是垂直运动，另一个是水平运动）所产生的速度的准则，采用以下公式：将两个运动速度的平方相加，然后提取和的平方根，将得到这两个运动的合成的运动速度。因此，在前面的例子中，设物体因其垂直运动以 3 的速度冲击水平面，随后由于其单独水平运动以 4 的速度冲击 ac；但如果物体冲击的速度是这两者合成的结果，冲击力的大小相当于以 5 的速度运动的物体的冲击。

现在，我们转向讨论一个水平的匀速运动与一个从静止开始自由下落的垂直运动的结合。正如前面已证明的，该物体的运动轨迹显然是一个半抛物线，其速度总是在增加，因为垂直分量的速度一直递增。为了确定抛体在任意给定点的速度，必须先确立水平方向的均匀速度，然后把物体视为自由落体，找到其给定点的垂直运动速度，后者只需考虑下落的持续时间就可确定，这一想法未曾出现在速度始终相同的两个匀速运动的合成中。在这种情况下，其中一个分量运动的初始值为零，并与时间成比例增加，由此得知时间必然决定指定点的速度。最后，剩下的就是通过把两个分量的平方加和得到两者合成的速度（如同在匀速运动的情况）。在这里最好也举个例子。

设抛体从一个高度为 h 的点水平抛出，记 x 为横（水平）轴，y 为纵（垂直）轴，从

$$v_x(t) = v_0; \; v_y(t) = gt$$

和

$$h = \frac{1}{2}gt^2$$

我们将得到

$$v = \sqrt{v_x^2 + v_y^2} = \sqrt{v_0^2 + 2gh}$$

除了已经提到过的抛体的推动力，还必须补充考虑另一个非常重要的因素。若想确定冲击的力量和能量，只考虑抛体速度是不够的，我们还必须关切冲击目标的条件，这些条件在相当程度上决定了冲击的效果。众所周知，目标承受了抛体速度引发的暴力，力量的猛烈程度与目标对抛体运动的阻碍息息相关。举个例子，如果一个人用长矛攻击他的敌人，而对方以同样的速度逃跑的话就不会被击中，长矛对敌人的碰触不造成伤害。如果遭到冲击的物体仅有一部分屈服，那么冲击也不会彻底发挥效力，造成的伤害程度将与抛体速度超出目标后退速度的量成正比。例如，假设冲击到达目标的速度为 10，而目标以 4 的速度后退，有效速度将是 6。假如目标接近抛体，碰撞的冲击伤害会更大，因为两者速度之和大于单独抛体的速度[1]。

此外，还应注意，对目标造成的损害不仅取决于它的材料，它可能具有不同的硬度（铁、铅、羊毛等），还与它的位置有关。垂直方向的冲击力是最大的，相应的，从斜角发射的冲击力量就比较小了，且与斜度成比例地减弱，因为射击无法发挥完整的动量，抛体将在一定程度上滑离目标上并继续沿着物体表面运动。

以上所述的抛物线末端的抛体速度，必须视其来自沿抛物线切线的直线冲击，因为抛体正是从这个方向撞击的。

萨格：你提到这些打击和冲击使我想起了一件事情，或者说是一个疑问，关于它作者还未能做出解答，也没有说出任何所以然来平息我的疑问。我想知道在冲击中表现出的巨大能量和力量是从哪里而来的，原理又是什么？例如，观察一个重量不超过 8 磅或 10 磅的锤子克服抗力而做的敲击，若不是敲击，这种抗力绝不会屈服于单纯的来自重物的压力，重至数百磅的压力也无法让它妥协。我想寻求一种测量冲击力的方法。我对它的想象是无限大的，但理性又使我倾向于它有限度并且可以被别的力量，如重物、杠杆、螺旋或各类其他机械结构所抵消。

萨尔：你并不是唯一对这个非凡性质感到震惊的人。我在相当长的一段时间里，对这个问题的研究徒劳无功，困惑也与日俱增，直到遇见我们的院士，他给予了我莫大的安慰。他告诉我，他也曾在黑暗中摸索许久，但在耗费数千小时对这一现象进行推测和思考后，建立了与过去的想法相去甚远，但新颖到令人啧啧称奇的概念。我知道你一定会兴致勃勃地聆听，而且我向你们保证，抛体的讨论一旦结束，我将解释所有这

1　这一讨论补充了《第三天》中关于惯性原理的内容和《两个世界体系的对话》中关于相对性原理的讨论。这里描述的速度相加的公式是今天称作“伽利略变换”的一个例子。

些奇思妙想，或者我们的院士口中的“奇谈怪论”[50]。我们继续看一下作者关于抛体的主张[51]。

假设从一个零高度以发射角(仰角)发射一个抛体，在匀速水平运动和下落运动的共同作用下，它将在一个最大高度 h 处偏转方向，其半抛物线描述了上述运动的轨迹。抛体在 h 处的速度将是水平方向的，回到之前的情况：物体将以另一个半抛物线[52]到达地面。

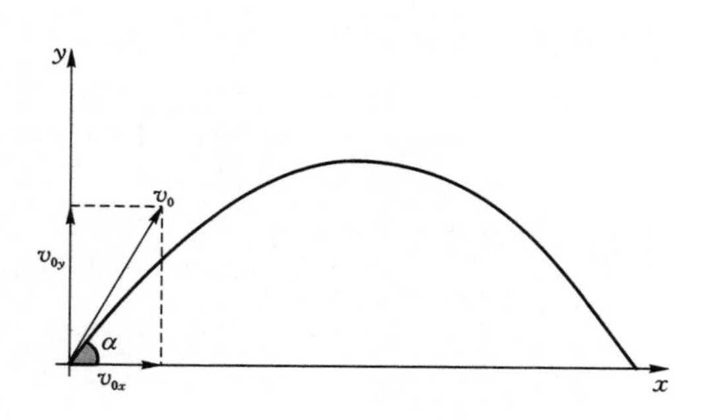

x 为横轴，可得方程式

$$x(t)=v_{0x}t=v_0\cos\alpha t \tag{36}$$

$$y(t)=v_{0y}t-\frac{1}{2}gt^2=v_0\sin\alpha t-\frac{1}{2}gt^2 \tag{37}$$

和

$$v_x(t)=v_{0x}=v_0\cos\alpha \tag{38}$$

$$v_y(t)=v_{0y}-gt=v_0\sin\alpha-gt \tag{39}$$

当 $vy=0$ 时，将获得最大高度，因此[1]

$$t_{\max}=\frac{v_0\sin\alpha}{g}$$

$$h_{\max}=y(t_{\max})=\frac{v_0^2\sin^2\alpha}{2g} \tag{40}$$

因此，发射角、初速度和射程之间有如下关系：

$$L=\left(\frac{v_0^2}{g}\right)2\sin\alpha\cos\alpha=\left(\frac{v_0^2}{g}\right)\sin 2\alpha \tag{41}$$

已证明，当发射角(仰角)为 45°时实现最大射程[53]。

现在研究半抛物线运动中初始水平速度、高度和射程之间的关系。在高度 h 时，下落时间是 $t=\sqrt{2h/g}$，记 α 为对地面的冲击角。

$$L=v_0\cos\alpha\sqrt{\frac{2h}{g}}$$

1　与之前不同的是，在此抛体运动例子中使用度数而不是弧度来测量角度。

如果抛体描绘的是相同幅度的半抛物线，则幅度为高度 2 倍的半抛物线所需的速度小于任何其他幅度的半抛物线所需的速度。可以通过以下观察证实这点：在这种情况下，幅度将是公式(41)中的一半。

$$L' = \left(\frac{v_0^2}{g}\right) \sin\alpha\cos\alpha = \left(\frac{v_0^2}{2g}\right) \sin 2\alpha \tag{42}$$

其中，v_0 为冲击地面的速度。

从公式(40)得到高度为

$$h' = \frac{v_0^2 \sin^2\alpha}{2g} \tag{43}$$

相同射程(幅度)下，当仰角为 45°时，v_0 最小，因此得到

$$L' = 2h'$$

如上所证。

萨格：我惊叹于如此强有力的证明，简直令我心花怒放。我已经从炮手给出的数据中得知了在使用大炮和迫击炮时，当仰角为 45°时，或者像我们说的在四分仪的第六点处时可以获得最大射程，换句话说，射得的距离最远。但要了解为什么会这样，单靠从别人的陈述或者重复实验得来的简单信息是远远不够的。

萨尔：你说得没错。通过研究一件事的原理而得来的知识，能使我们的头脑不必依赖实验，就为举一反三地理解和确定其他事情做好了准备。恰如在本轮证明中，作者证实了最大射程发生在仰角 45°的时候。

因此，他还证明了一个以前可能从未研究过的事实，即从超过 45°仰角(迫击炮弹)或低于 45°仰角(榴弹炮弹)的同等度数 δ 发射，射程相等。事实上，

$$L_{+\delta} = 2\left(\frac{v_0^2}{g}\right)\sin(90° + 2\delta) = L_{-\delta} = 2\left(\frac{v_0^2}{g}\right)\sin(90° - 2\delta)$$

萨格：我非常高兴得知此事，这样就有办法了解在不同的仰角情况下，解射程相同的抛体所需要的速度和力的差异。例如，一个人希望通过 3°、4°、87°或 88°的仰角发射，却仍想获得与 45°仰角相同的射程(我们已经证明了此时初始速度最小)，我认为额外所需要力量将会非常大。

萨尔： 你说得完全正确。你会发现，要想在极端的仰角执行发射，必须大踏步地跃向无限大的速度。

从以下方程

$$v_0^2 = \frac{Lg}{\sin 2\alpha} \tag{44}$$

首先可以看到上面的陈述是多么真实，对于不同的仰角，与 45°的最佳角度的偏差越大，获得相同的射程所需的初始速度就越大。

萨格： 我还注意到初始速度的两个分量的关系，射得越高，速度的垂直分量就越大。另一方面，如果射击只达到一个很小的高度，那么初始速度的水平分量必须很大。

我完全理解在以 90°角发射的情况下，集全世界之合力都不足以使它从垂直方向偏离哪怕 1 指，它必然会落回到初始位置。而在 0°仰角，也就是水平射击的情况下，我认为没有大炮能在完全水平的方向上射中目标，关于这点确实还存有一些疑虑。在我看来，这一事实可与另一个几乎同样引人注目的现象相类比，而关于后者我已经有了结论性的证明。这种现象就是不可能把一根绳子拉得既笔直又与地平线平行：绳子总是弯曲的，任何力量都没法使它完全笔直。

萨尔： 你不要把这个绳子的现象想得过于奇怪。加以仔细分析，你也许会发现它与抛体的情况是一样的。水平发射的炮弹，其路径曲率实为两种力量合成产生的结果[54]，一种力（武器的力量）在水平方向推动它，另一种力（自身的重量）在垂直方向下拉动它。在拉紧绳子的过程中，你施加的水平拉力和绳子自重的向下拉力同时存在。因此，这两个例子的情况非常相似。如果你认为绳子有足够的阻力对抗或克服无论大小的拉力，那为什么要否定抛体的同一性质呢？

此外，我必须说一件会让我俩都感到惊讶和高兴的事，那就是绷紧的绳子会呈现出非常接近抛物线的形状。若在一个垂直平面上画出一条向下弯曲的抛物线，然后把它倒转过来，使顶点在底部且抛物线的基线保持水平，就可以清楚地看到这种相似性[1]。在两端挂上一条链子，就会观察到，稍一松手，链条就会接近抛物线；而且，随着曲率的减小，也就是张力增加拉得更紧时，它们就愈发互相吻合；如果使用的是仰角小

1　继《第二天》后又一次提到链条，这里对链条近似于抛物线的描述是准确的。

于 45°的抛物线，链子就几乎完全符合它了。

萨格： 所以用一条细链子就能在平面上快速画出抛物线。

萨尔： 当然啦，还有一些小的妙处，我稍后会告诉你。

辛普： 但在继续下文之前，我急于想证实你说的那个有严谨证明的命题，也就是说：任何力量都不可能将一根绳子拉得完全笔直和保持水平。

萨格： 我看看自己能否记起这个演示。但为了理解它，辛普利西奥，你必须把一个无论从实验还是理论角度考虑都很明显的事实视为常识。一个运动的物体，即使非常之小，也能平衡另一个缓慢运动得非常轻的物体，只要两个物体重量与各自速度的乘积相等。

辛普： 我很清楚这一点，因为亚里士多德在他的《论机械》中已经证明了这一点[55]。在杠杆和秤杆平衡中也可以清楚地看到，一个不超过 4 磅重的秤锤可以举起 400 磅的重量，条件是秤锤与秤杆旋转轴的距离比轴线和重物悬挂点之间的距离大 100 倍以上。真的是这样，因为秤锤在其下降过程中通过的距离比大重物在相同时间内通过的距离大 100 倍以上；换句话说，小秤锤的运动速度比大重物的速度大 100 多倍以上。

萨格： 你说得很对。不难承认，运动中的物体不管多小，只要它的速度超出阻碍物的度量大过它的重量缺口，运动物体就能克服来自阻碍物的任意大的阻力。现在回到绳子的情形中，我们用一条没有重量的线来进行类似证明。

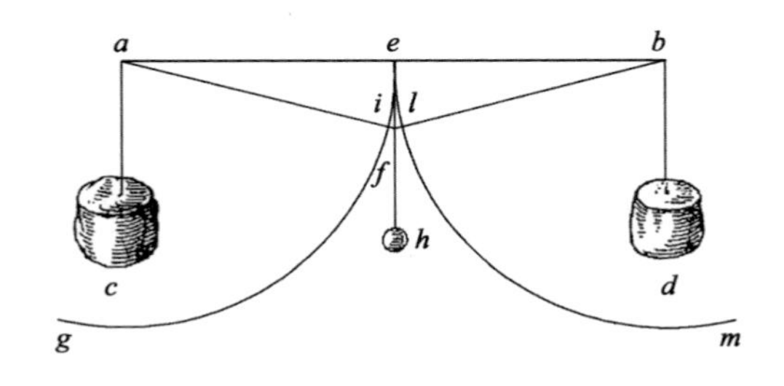

在上图中[56]，ab 代表一条通过两个固定点 a 和 b 的线。在这条线的两端悬挂着两个大的等重物 w_c 和 w_d，它们以巨大的力量拉动 ab，使它真正平直。这条线的中心点记为 e，在中点处悬挂任意小的重物，如 w_h；线 ab 将向 f 点下降，它的伸长将迫使两个重物 c 和 d 上升。这样的状况会始终存在，即使 w_c 远远大于 w_h，证明如下。

设 T 为线施加的力，得到

$$2T\sin\theta = w_b$$

$$T = w_c$$

式中，θ 为角度 fâe。其中

$$\sin\theta = \frac{w_h}{2w_c}$$

还请注意，h 在被赋予重量 w_h 的那一刻，其速度以前面讨论的标准引发向下运动。事实上，h 的位移与 c 的位移之比大于 w_c 与 w_h 的比例。

$$\frac{|ef|}{|fi|} > \frac{w_c}{w_h}$$

其实

$$\frac{|ef|}{|fi|} = \frac{|ae|\tan\theta}{|ae|/\cos\theta - 1} = \frac{\sin\theta}{1-\cos\theta}$$

而当线为水平的时候，这个比值会变得非常大，正如图中看到的那样。

把一个小重物 h 连接到无重的绳子 ab 的中点时发生的情况也会出现在真正的绳子上，无论轻到什么程度，它仍然有一个非零的重量，因为在这种情况下，绳子的组成材料发挥了悬挂于引力中心的重物的作用。

辛普：我心满意足了！现在萨尔维亚蒂可以兑现他的承诺，解释这种链条的妙处了，随后再分享一下我们的院士对冲击力的推测。

萨尔：今天的讨论就到此结束吧，天色已经不早了。这所剩无几的时间完全不够解释清楚你提出的话题。我建议把关于这个问题的讨论推迟到下一次更合适的场合。

萨格：我赞同。我与院士的挚友们有过多次交谈，知道冲击力是一个非常深奥的问题。而且我认为，迄今为止讨论过这个问题的人里，没有一个能够完全点亮它超出

人们想象力的黑暗角落。在我听到的五花八门的说法中，一个天马行空的观点依然留存于我的记忆里，即冲击力如果不是无限的，那就是不确定的。接下来，就等萨尔维亚蒂方便的时间了[57]。

萨格： 拜托你把这卷书留在我这儿吧，下次见面的时候我再还给你，这样我就有充足的时间从头到尾读透，并研究这些命题了。

萨尔： 我非常乐意把书借给你，并且希望你享受这番阅读。

第四天结束。

Additional Day

新增的一天
冲击的力量

对话者：

萨尔维亚蒂（Salviati，简称“萨尔”）

萨格雷多（Sagredo，简称“萨格”）

辛普利西奥（Simplicio，简称“辛普”）

萨格：为什么来了一个新朋友，而我们亲爱的辛普利西奥却不见了？

萨尔：也许是因为他对前几天讨论的种种问题证明还没有完全领悟。你见到的这位新朋友是保罗·阿普罗伊诺[58]，他是一位来自特雷维索市的贵族，也是我们的院士在帕多瓦工作时期的学生，不仅师从于他，还是他的挚友。他们两位以及其他有共同志趣的人士曾经促膝长谈许久。参与讨论的人士之中就有来自乌迪内的贵族丹尼尔·安东尼尼[59]，一个具有卓越的智慧和超凡的勇气、为保卫祖国而光荣牺牲的勇士，他后来被伟大的威尼斯共和国（编辑注：中世纪意大利北部的城市共和国）追授了与其卓著功勋相称的勋章。阿普罗伊诺曾与他合作，在我们的院士家里参加了大量和冲击有关的各种问题的实验。

大约十天前，阿普罗伊诺正巧途经威尼斯，像往常一样来看望我，他一听说我这里有一些我们的作者撰写的论文，便想同我一起研究。当他得知我们已约好见面，且会谈论高深的冲击力问题时，便向我谈起了曾多次与院士探讨这个问题的经历，尽管他们的讨论里充满了质疑，还有甚多不确定的地方。此外，他还亲历了与多个问题有关的实验，其中一些实验正好与冲击的力量及其解释有关。方才他正要提及一个，据他所说，这是在这些各种各样的实验之中异常高明且巧妙的一项。

萨尔：我何其有幸能亲眼见到并认识阿普罗伊诺本人，因为我们的院士经常向我提起他。对我来说，能够听一听在像安东尼尼那样头脑敏锐的人面前开展的关于不同命题的实验，将会是一桩非常兴奋的事。我们的朋友每每谈及他，口吻里总是饱含赞美和钦佩。既然我们专程来此就是为了探讨冲击力，那么，亲爱的阿普罗伊诺，请你说说从这个问题的实验中得出了什么结论，你还得保证把无关紧要的问题留待其他场合谈论。我知道你的好奇心，你的求知欲仅次于你作为实验者的注意力。

阿普罗：真想诉说千言万语回报你的恩情，但要真这么一来，今天就剩下不了多少时间留给我们渴望讨论的问题了。

萨格：那就把礼节性的恭维之词留给朝臣们去抒发，我们开始严肃地讨论吧。言简意赅、直抒胸臆的谈话才是我最想听的。

阿普罗：如果真的存在连萨尔维亚蒂也不会的知识，那也甭指望我说出个所以然了，理应由他来担任整场演说的重任。不管怎样，权当开宗明义吧，我来谈谈我们的朋友是如何为了直击冲击力这个高深问题的核心而踏出第一步的，聊一聊他为此所做的第一项实验。研究目的是找到并衡量冲击的巨大力量，同时尽可能地了解其本质。

冲击的效力似乎与其他机械的效力非常不同——我强调“机械的”是为了把火药射击的巨大力量排除出去。在机器中，一个弱小的发动机的速度很明显可以克服强大的阻力。通过对现实的观察，也可见得火器底部的小小尖锁的撞击引发了阻抗的运动，院士的第一个想法是试图发现冲击效力的哪一部分来源于重量(如用锤子锤击)，哪一部分又源于移动的速度，速度的贡献相较而言是更大还是更小。他想尽可能地测得重量和速度这两大“功臣”分别对冲击的贡献。基于这个目的，他设计了一个令人拍案称绝的实验。

取一根非常结实，长约3臂的杆子，像天平一样悬挂起来，在杆子的两端挂上两个相等的、非常重的砝码。砝码之一是两个水桶。挂于杆子末端的上层桶里灌满了水，手柄上悬有两根分别长约2臂的绳子，这两根绳子牵着位于下层的另一个同款水桶的手柄，但下层的桶是空。天平的另一端用一块石头来配重，石头的重量正好平衡了由水桶、水和绳子组成的总重量。上层桶的底部挖有一个可以开合的孔，孔的尺寸和鸡蛋差不多，或许稍小一点[60]。

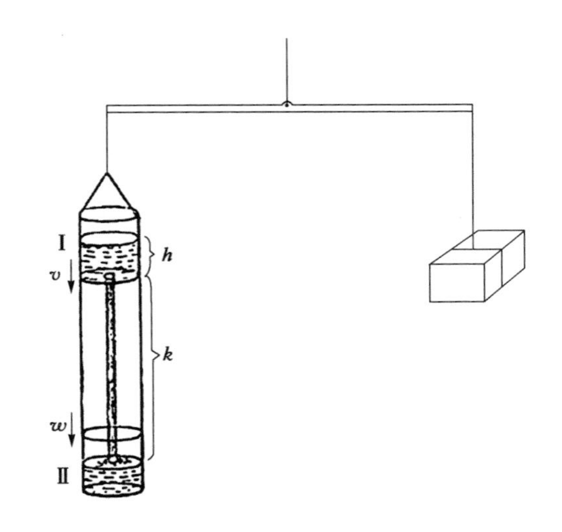

在天平平衡之际打开上层水桶的孔，水破孔而出并迅速流入下层的水桶。我们的初步猜想是，水流的冲击会增加桶一侧的动力，因此必须为配重石头的天平臂补充重量以恢复平衡；为石头增重显然将恢复和补偿流水引发的冲击效力，水的冲击动量应该相当于我们想象中的10磅或12磅的配重量。

萨格： 这个装置实在太巧妙了！我已经迫不及待地想听实验的结果了。

阿普罗： 结果比我们的预期还要惊人。在孔被打开，水开始往下流动之时，天平向配重的石头一侧倾斜；但当水刚刚开始冲击下层水桶的底部时，配重停止下降，并且伴随静悄悄的运动重新开始上升，它在水依然流动之时天平已趋于平衡。当天平再次回顾平衡时，它就再没有移动过一丝一毫了。

萨格：这个结果让我大吃一惊，跟我预想的大不一样。我希望从中了解冲击力的大小：我还以为水流到下层的过程需要增加额外的配重呢。但是这么一来我们就可以推导出不少信息了。

比方，撞击的力量相当于流于两个水桶之间的落水的重量，它的重量既不能算作上桶的，也不能记在下层的桶上。水的重量不属于上层的桶是因为水的各部分之间没有黏性，水不能像一些黏稠的液体(如沥青)那样施力并把上面的部分往下拉。它的重量也不属于下层的桶，因为下落的水不断加速，上面的水不能对下面的水造成压力。就好像所有喷涌而出的水都从天平抽离了。其实，假如中层的流水真的对水桶施加一个重量，这个重量加上冲击力会使水桶显著下沉，从而抬高配重的石头；但是这个场面并没有发生。如果我们想象所有的水突然结冰，就会得到进一步的证实：凝为坚冰的水流会把它的重量加到结构的其他部分，而随着水结束流动，冲击的力量也消失殆尽。

阿普罗：我们的推理和你一致。此外，我们似乎可以得出这样的结论：等量的水从 2 臂的高度落下，不考虑冲击的力量，光凭下落获得的速度就拥有与水的重量同等的效果。因此，如果能够测算和称量悬浮在容器之间的空气中的水的重量，就能斩钉截铁地断言这种冲击效果相当于 10 磅或 12 磅的落水的重量。

萨尔：我非常喜欢这个灵巧的装置，落水量难以测量的痛点难免引起一些模棱两可的地方。若不想偏移研究方向，我们可以通过一个类似的实验探路前行，以期对目标知识彻底理解。

不妨以那些用来打桩的大型重物(我相信这些重物被称为打桩机)来举例，它们把桩子从一定高度重重落下所产生的效力，使桩子牢牢钻入地下成为地基。假设这样一台打桩机重 100 磅，桩子原本离地 4 臂，打桩机一击往坚硬的地面之下打进 4 拇指的距离。假设在不使用冲击力的情况下实现同样的重压，从而达到贯入地下 4 拇指深的效果，我们发现这可以用 1 000 磅的重量来完成，而且由于它没有任何先导运动，全靠自身重量来操作，我们可以称之为“自重”压实。

试问，我们是否可以认为，一个 100 磅的重物，其冲击力结合了从 4 臂的高度下落时获得的速度，相当于 1 000 磅的自重产生的效力。也就是说，单一的速度力量等于 900 磅自重(1 000 磅中减掉打桩机的 100 磅得到的差)的压力？

见你们两人都一副欲言又止的模样，是不是因为我解释得不够恰当？为了说得再清楚点，让我们假设同一台打桩机从同样的高度下落，但是打下去的桩子还要再坚实一点，贯入地下的深度不超过2拇指。我们能坚定地认为1 000磅自重的压力会有类似相同的效果吗？我的意思是，它能使桩子沉入地下2拇指深吗？

阿普罗： 我觉得乍听之下，没有人会否认。

萨尔： 那你呢，萨格雷多，对此有什么疑问吗？

萨格： 暂时还没有，但在经历了前几天那么多次推理中过程中的上当受骗之后，我已经毫无底气了。

萨尔： 连你这样多次在我面前展现敏锐过人头脑的人也会倾向于接受一个错误的答案，看来千里挑一也难觅得一个可以识破如此似是而非错误的人。但你会惊觉这个错误是如何隐藏在薄如蝉翼的面纱之下，轻拂而过的微风就能揭开它的真面目。

首先让打桩机从与以前一样的高度吊桩，把桩推入地层4拇指深。我们承认，要达成同样的效果需要1 000磅的自重压桩。然后我们把同一台打桩机提升到相同高度，让它第二次推同一根桩子，但这次只让它下沉2拇指深，因为碰到的地面更坚硬。我们是否可以推断1 000磅的自重也能办到呢？

阿普罗： 我看似乎可以。

萨格： 阿普罗伊诺，很遗憾，它办不到。如果在第一次放置1 000磅的自重时，它才推了桩子4拇指距离就停滞不前，那凭什么就做一个挪开它再放回原位的动作会使桩子再下降2拇指呢？为什么在它挪开之前，也就是还在做功的时候没有这样做呢？你以为只要轻轻地把它挪开再移回，它就能办成以前做不到的事情吗？

阿普罗： 我只能羞愧地承认，区区一杯水就差点让自己淹死。

萨尔： 阿普罗伊诺，你无需自责。我担保你有不少同伴都被困在轻而易举就能解开的谜团上。毫无疑问，如果人们通过将错误发展成原理来解开它，那么每一个错误在本质上都能轻轻松松解开：到了这一刻，与之相关或无比接近的事物自然会跳脱出来揭示错误的虚假。关于这一点，我们的院士具有某种特殊的才能，仅用只言片语就暴露了披着真理外壳的错误其荒谬且矛盾的本性。我见过不少与物理学有关、被错认为正确的结论，我们的院士通过短短几句简单的推理就证明了这些结论是错误的。

萨格：这个错误就是其中之一。如果你还有其他例子愿意与我们分享，那就再好不过了。但与此同时，请让我们继续讨论原先的话题吧。我们正在寻找一种方法（如果有的话），为冲击的力量制定一个衡量标准。我认为刚才提到的实验无法达到此目的，因为，通过一个操作规范的实验，我们知道打桩机对桩子的反复打击会把它推得越来越深，显然每一次连续的打击都能发挥作用，而这对于一个"自重"物来说是不可能的。如果我们想让自重物与第三、第四和第五次，以此类推的数次打桩效果相等，所需要的自重将越来越大。那我们可以把其中的哪一个重量作为衡量一次打桩力量的标准呢？然而每一次打桩的冲击力貌似都是相等的。

萨尔：我相信这个现象算是让所有善于思考的头脑为之困惑和不解的奇闻之一。的确，衡量冲击力的标准居然不是来自发出冲击的物体，而是从接受冲击的对象得来的，谁听到这话不会说一声奇怪呢？我认为从前文提到的实验可以推断出冲击力是无限的——或者更确切地说是不确定的，或无法测量的，它时而大，时而小，取决于它对抗的阻力是大还是小。

萨格：我眼中的现实是冲击的力量是巨大，甚至是无限的。就我们刚刚谈到的实验，当第一次打桩使桩子深入地下 4 拇指，第二次再推进 3 拇指深，并继续遇到更坚实的地面时，第三次推进 2 拇指深，第四次推进 1.5 拇指深。以此类推，反复击打总会使桩子移动，但移动距离越来越短。由于桩子贯入地面的深度可以按意愿控制得浅一点，精度可以一再细分，所以桩子探入地面的动作可以不断持续；假设这种效果是由一个自重引起的，那它的每一次运动将需要比前一次更多的重量。

萨尔：这一点毋庸置疑。

阿普罗：那就没有一种强大的阻力足以克服任何冲击的威力，哪怕冲击的力量微乎其微？

萨格：我认为没有，除非遭到冲击的东西完全不动，也就是说，除非它的阻力是无限的。

这些论点看起来相当了不起，甚至可以堪称奇迹般的论点了。在这门艺术中，似乎存在着某些可以压倒自然界的东西，这些东西就像那些乍一看被误以为不自量力的机械工具一样，如一根杠杆、一颗螺丝钉或一个滑轮都凭着微弱的力量举起巨大的重量。在这种冲击效应下，重量不超过 10 磅或 12 磅的锤子敲几下就能把一个铜立方体敲扁，但如果把大理石尖顶乃至一座高高的塔压在锤子上，铜立方体既不会断，也不会碎。这一事实对我而言似乎超出了物理学解释的范畴。因此，萨尔维亚蒂，请你抓住这根线索，引领我们逃出复杂的迷宫吧。

萨尔： 从你们谈到的情况来看，困难的主要症结在于理解为什么看起来无限大的冲击效果不是以小力克服大力的机械原理来解释，而是得采用另一套机制。但若用后者的原理来解释我也毫不担心。我会努力把整个过程梳理清楚，虽然过程看似复杂，但也许你们的问题和异议可助我细致入微地深入观察，届时就算依然解不开困惑，至少也能减轻一些疑问。

显然，我们很难在移动的物体身上区分动力和阻力的角色。两股势力共同在行动，一个是重量，包括动力和阻力的重量；另一个是速度，即第一个物体运动和第二个物体被移动的速度。如果被动的一方必须以动力的速度移动(假设为两者在一定时间内通过的距离相等)，那么动力的重量就不可能小于被移动物体的重量，而必须稍大一些。因为在重量完全相等的情况下，它们将处于一种平衡和静止的状态，如等臂天平保持平衡的例子。但如果想用一个较小的重量举起一个较大的重量，就必须把机器设置成这样一种方式：移动状态下，较小的重量在同一时间内比较大的重量跨越更大的距离；也就是说，前者必须比后者移动得快。

实验把个中玄机告诉了我们，不妨拿杆秤实验来举例吧，为了使配重能够举起 10 倍或 15 倍的重量，配重本身与支点之间的距离必须是支点与另一重量悬挂点之间距离的 10 倍或 15 倍；这就相当于说，动力重物的速度是被动重物的 10 倍或 15 倍。这一点在别的仪器设备都得到了验证，因此可以判断出重量和速度是成正比的。一般来说，当较轻物体的速度 v_m 与较重物体的速度 v_M 的比例等于较重物体的重量 w_M 与较轻物体的重量 w_m 之比时，较轻物体的动量与较重物体的动量达到平衡。

$$\frac{v_m}{v_M}=\frac{w_M}{w_m}\Rightarrow w_m v_m = w_M v_M$$

只要给后者附加一个微小的重量，整套平衡就会被打破，系统则将开始运动。

在确定了这一点之后，我认为，一个动量为了克服阻力而产生与之相称的巨大效力不仅发生在冲击的案例中，而在其他机械装置中也可见得。对于一个下滑中的重量 1 磅的小配重，如果它与天平支点的距离是另一个大配重的 100 倍或 1 000 倍，那它产生的效力也会翻至百或千倍，也就是说小配重下降的距离比另一个大配重上升的距离大 100 倍或 100 倍，意味着前者的速度是后者速度的 100 倍或 1 000 倍。

但我希望用一个更清楚的例子让你们明白，任何轻量物体在下降过程中都能使非常重的质量向上提升。想象把一大重物悬挂在线上形成一个摆，从同一顶点悬下另一根同样长度，系有小重物的细线，并假设这个小重物正好碰触到大重物。这个新的小重物会推一把大重物，把它的重心从原先所在的垂直线上移开，你难道不这么认为吗？

既然一个小重物仅靠碰触就能移动并举起一个大质量的物体，那假如移动小重物并让它以沿着圆周运行的方式来冲击大重物，将会产生何等的效果？

阿普罗：从这个实验的结果来看，我们不得不承认冲击力是无限大的。但是这个信息的说服力还不太够，我脑海中的疑惑依然挥之不去，内心的种种疑问仍待解答。

萨尔：在进一步讨论之前，我想向你揭示一个可能存在的误解。我们可能会认为，在前面的例子中，桩子上的所有冲击力都是相等的，因为始终是同一台打桩机在相同高度吊起的。但我们不能得出这样的结论。

若想理解这一点，不妨想象你的手触摸一个从高处落下的球，然后告诉我：当球落在你手上时，你让自己的手沿着与球相同的直线并以相同的速度下滑，你会感受到怎样的冲击？你显然会毫无感觉。但是，如果球落到你手上时，你稍稍抵抗了一下，导致手以低于球的速度下滑，你会切实感受到冲击力——但不是球的全速冲击力，仅仅是球速和你的手速之间的差速对应的冲击部分。设球以 10 度的速度下落，而你的手以 8 度速度下滑，则球对手的冲击效力相当于球以 2 度的速度下落。如果手以 4 度的速度向下滑落，则球击对应的速度是 6 度，以此类推。要是你的手全然不动，你就能彻彻底底地感受到冲击的效力。

现将同一推理应用到打桩机上。桩子屈服于打桩机的冲击，第一次贯入地下 4 拇指深，第二次下降 2 拇指，第三次下降 1 拇指。其实这几次冲击的效力其实是不均等的：第一次比第二次弱，第二次比第三次弱，伴随第一次冲击的下沉足足有 4 拇指深，因此抵消掉的冲击固有速度也比第二次的更多，其抵消的速度量是第二次的 2 倍。既然说第一次冲击的效力不及第二次，那么复制第一次冲击效力所需的自重也更小就不足为奇了，以此类推。

这些信息告诉我们，理解冲击力的某些方面是有很大难度的，因为冲击力的作用对象是改变其效力的阻力，就像打桩的案例中，阻力以我们无法测算的方式变得越来越大一样。我举一个实验的例子以加深理解，实验里受到冲击的物体总是以相同的阻力对抗它。

实验开始，请想象一个重达 1 000 磅的固体放置在支撑它的平面上，重物上绑着一根绳子。接着想象上方有一个滑轮，绑着重物的绳子绕过滑轮，从另一边滑下。当向下拉动绳子末端以施加拉力时，总会遭遇与待提升的 1 000 磅重量相等的阻力。而如果在绳子的末端再悬挂一个与前者重量相等的重物，就会建立起平衡；如果两个重物都被抬离平面，它们就维持静止了。

如果第一个重物置于支撑它的平面上，可以用在绳子的另一端悬挂不同重量的其他重物（其重量总是小于静置物体的重量）的方式来测试冲击力是多少[61]。具体做法是把其他重物绑在绳子的末端（每次一个），然后从一定高度放下，并观察较重的静置物那一端感受到下落重物的拉力时发生的情况：绳子拉伸时的张力作用于大的重物，伴随一个把它往上推的冲击。我可以预测，不管下落的重物有多轻，它都应该能够克服较重的重物的阻力并将其举起。在我看来，这个结果显然来自已经验证的定理，即较小的重量 w_m 能够克服任意一个较大的重量，只要

$$\frac{v_m}{v_M} > \frac{w_M}{w_m}$$

较小重物的速度 v_m 与较大重物的速度 v_M 之间的比例大于大重量与小重量之比。在当前的案例中始终能见证这条定理，下落重物的速度无限超越另一个重物的速度，因为后者的速度总为零。接着，我们将尝试发现接受冲击力的一方，重量为 w_M 的物体上升运动穿越的具体距离，以及这个距离是否与其他机械仪器产生的距离一致——例如，在杆秤上，较大重量的位移等于较小重量的位移与小重量所在力臂对大重量所在力臂比例的乘积。

就我们所举的例子，假设最初处于静止状态的大重物的重量是从设为 1 臂的高度落下的小重物重量的 1 000 倍——我们应该观察小重物能否将另一重物抬高 1 臂的百分之一；如果当真如此，似乎就遵循了一条类似其他机械仪器的原则。让我们想象一下，在做第一个实验时，从比如说 1 臂的高度放下一个重物，它与静置在地面上的物体同重；两个重物分别被绑在同一根绳子的两端。针对原本静止的另一重物的运动和升高行为，我们应该如何评估下降重物对它的影响呢？我很想听听你的意见。

阿普罗： 你看着我的眼神似乎在期待我的答案。在我看来，既然两个重物的重量相同，下落的重物还伴有速度带来的额外推动力，另一个重物理所应当从平衡状态被抬起，毕竟它本来纯粹靠重量就能保持平衡。所以我说，它的上升幅度将远远超过前者下落的 1 臂之长。

萨尔： 萨格雷多，那你怎么看？

萨格：乍看之下这个推理有理有据，但是正如我刚才所讲的，反复的经验教训告诉我，人是多么容易被欺骗，因而在肯定任何事情之前务必慎之又慎。就我个人而言仍然有一些疑问，那就是下落物体的 100 磅重量足以把另一个同样重 100 磅的物体向上提升直到恢复平衡，这是真的。但我也认为，实现平衡的过程将会非常缓慢，因此，当下落物体以巨大的速度一运动时，它将以同样的速度推动另一端的同伴上升。毫无疑问，以巨大的速度推动一个沉重的物体向上运动比以非常缓慢的速度推动它需要更大的力量；比较可能发生的情况是，物体在自由落体的过程中获得的速度所带来的优势，在推动另一个物体以同样的速度达到同等高度时被消耗了，甚至可以说是耗尽了。所以我倾向于认为，这两个运动，一个向上，一个向下，在上升的重物被抬升 1 臂后，会立即以静止状态宣告结束，这将意味着另一端重物下落 2 臂，1 臂来自它在运动的第一程中单独进行的自由落体。

萨尔：由于下落的重物集合了重量行为和速度行为，它的重量行为对另一重物的提升毫无作用，因其被另一重物上同等重量的阻力所抵消，所以，若是没有额外重量的加持，它显然会动弹不得。由此推断，这种效果完全来源于速度，速度也只能赋予速度，给不了除它以外的任何其他东西。而且它能提供的速度仅有从静止状态开始下落 1 臂高度后获得的速度，它将以同样的速度推动另一重物上升同等的距离，这与在各种实验中看到的情况没有出入；也就是说，从静止状态下降的重物在每一点上都有足够的速度使其回到起始高度。

萨格：检查悬挂在垂直线上的重物：摆锤，可以清晰明了地观察到这一点。如果把它从垂直方向移开任何一个小于直角的弧度再放手，重物下落后在另一侧以相同的弧度上升相同。从中可以明显看出，上升的动量完全来自下落获得的速度，因为物体的重量绝不会对上升有所贡献。事实上，重量在抵抗上升的过程中逐渐消除了速度。

萨尔：如果我们前几天讨论过的钟摆的例子与现在面临的情况完美匹配的话，那你的推理将会非常有说服力。但是我发现，挂在绳子上的物体沿着一个圆周从给定高度下落，并在下落过程中获得将自身运送到同等高度的动量的情况，和绳子一端的重物下落引起另一端同重物体上升的情况存在显著差异。

沿圆周下降的物体在其自身重量的作用下继续加速到达垂直位置，然后一旦到达垂直位置重量就会阻碍其上升，因为上升是一种违逆重量的运动。上升的运动回报了在自然下落中获得的动力。但在另一种情况下，下落的重物靠着其获得的速度与自身重量的叠加效应，将另一个重物拉到静止状态；两种力量的结合消灭了另一个待提升的重物的阻力。先前获得的速度遭遇不到上升物体的阻挠，因为一个物体的上升得到另一个物体下落的完整补偿。

一个沉重的、圆形的物体放在一个光滑的、略微倾斜的平面上，可能会发生类似的事情；它独自以加速度自然下落。如果想从底部开始把它往上推，就必须给它一个初始速度，这个速度会随着物体上升而减少，最终归零。如果这个平面不是倾斜的，而是水平的，那么这个圆形的固体就会按照我们的意愿行动：让它静止，它就静止；给它一个任何方向的速度，它就朝既定方向移动，并且始终如一地保持它从我们手中得到的速度，不增也不减，因为它在那个平面既不上升，也不下落。同样，挂在绳子两端的两个等重物在平衡时将处于静止状态，如果给其中之一一个向下的速度，它将始终保持这个速度[1]。当然，必须消除所有外部和偶然的障碍，如绳子或滑轮的表面粗糙度和重力，围绕轴线的旋转的摩擦力，以及任何其他阻力。

但是，我们方才思考的是其中一个重物从一定高度下落获得的速度，而另一个则

1　这里对惯性原理的描述比《第三天》更加全面。借助这个装置，伽利略可以在滑轮的两侧放置相同的重量来消除一般条件下的合力效应。此处引用伽利略的原文："但在另一种情况下，当处重物下落到达静止同伴的相应高度时，不仅获取到了速度，还拥有重力，仅凭重力本身就抵抗住了被另一同伴提起来的力量，而它获得的速度没能与抵制上升运动的重力产生冲突，仿佛给予重物的向下推动力在其身上找不到被消灭或延迟的动机一般，速度不再于上升重物身上停留，它的重性消失殆尽，被同等动量的向下运动所抵消。这正是发生在一个沉重的正圆形物体上的状况，如果将其放置在一个非常干净且略微倾斜的平面上就会自然而然地下落，并获得增速；相反，若想把它从下部向上推动，就必须给它动力，这种动力会一直减少直至消失。但是如果平面不是倾斜的而是水平的，置于平面之上的圆形固体会完全遵循我们的意愿运动，也就是说，如果把它静置在平面上，它就保持静止；施加一个向着某个方向的推动力，它就朝着既定方向移动且始终保持它从我们手中接收到的速度，不会肆意增减，因为这个平面上没有坡度或斜角：悬挂在绳子两端的等重物体将以同样的方式保持平衡，如果我们给其中一个物体向下的推动力，另一物体将与其保持平衡（注意匀速直线运动的状态被明确地等同于在没有外力情况下的静止状态）。"这段话很容易让人确信某些科学史家的观点是错误的，他们反对牛顿关于伽利略是惯性原理奠基人的观点［在这批史学家中最有影响力的是亚历山大·科耶（Alexandre Koyré）[20]，他宣传伽利略信奉的是围绕地球中心运动的"圆形"惯性］。科耶的观点里有一项基本要素是反对伽利略某些实验的，他尤其质疑斜面实验是否真能达到伽利略本人声称的精度。以我作为一个实验物理学家的看法，并根据贝罗内（Bellone）、德雷克（Drake）和韦尔加拉·卡法雷利（Vergara Caffarelli）的观点（他们通过伽利略可利用的技术重新做了这些实验），伽利略在斜面上进行的测量是很有说服力的。也有可能是伽利略随着时间的推移改变了他的思想：在 1598 年左右发表的，后来构成他的帕多瓦讲课笔记的力学论文中（尽管他留于文中的亲笔签名已经遗失），确实有一些段落表明伽利略相信"圆形"惯性[7]。然而，在同一份笔记中，伽利略明确写道"一旦所有的外部和偶然的障碍被消除，重物可以凭借任何最小的力在地平线上移动"——这是无可辩驳的证据。

关于"冲击力"的《新增的一天》一章里阐述了对惯性原理是如何正式确立的，一举打消了所有疑虑，强有力地支持了最具权威的评论家牛顿的解释。

静止不动，现在，最好能够确定一个重物下落后，两者都发生运动的情况下获取的速度（一个向下运动，另一个向上运动）。通过以前的证明中已经知道，一个沉重的物体从静止状态开始自由落下会获得越来越快的速度。在另一个重物发挥牵引力之后，引起加速度的原因被消除了，因为它的重力与上升物体的重量相等，下落的速度不再增加。于是速度保持不变，加速运动转化为匀速运动。正如我们在前几天的讨论演示和看到的，在与自由下落相等的时间内，以这个速度将通过 2 倍的距离[1]。

萨格：阿普罗伊诺考虑得比我周全。到目前为止，我对你的解释很是满足，你说的一切我都欣然接受。但当我看到巨大的抵抗阻力被小物体发出的冲击而降服，这种冲击的速度还算不上极速时，还是抑制不住地惊讶，我承认自己才疏学浅，消除不了这种惊讶。当你说到有限的阻力总能被克服时，我就更困惑了，就像听到无法为冲击力制定度量一样。我多么希望你尝试解释这个让我迷茫的问题。

萨尔：除非假设的东西是确定的，否则无法对命题展开任何证明；既然我们想讨论冲击物的力量和冲击对象的阻力，就必须选择一个力量总是相同的冲击物，比如总是从相同高度落下的同一个重物；与之对应，确立一个总是提供相同阻力的冲击对象。

重现刚才的场景，把两个重物悬挂在同一根绳子两端，可以把自由下落的较轻的重物当作冲击者，而把较重的重物视作冲击对象即受击者。很明显，无论何时何地，重量较大的物体提供的阻力大小不变，这与我们前面提到的钉子或桩子的阻力有所不同。那些物体的阻力随着穿透力的增加而变大，但由于所涉及的各种意外因素，如木材或地面的硬度等，阻力变大的程度是未知的，尽管钉子和桩子本身保持不变。

另外，我们再回顾一番在前几天探讨那篇关于运动的论文时得出的结论。第一点，重物从高处落到较低的水平面上，无论是垂直下落还是在任意斜率的平面上下降，总会获得均匀的加速度：问题只在于算出最大值和最小值之差。第二点，一个物体从 C 点下落到较低的 A 点所获得的速度与它本身回到同一高度点 C 所需的速度相同。借助这些结

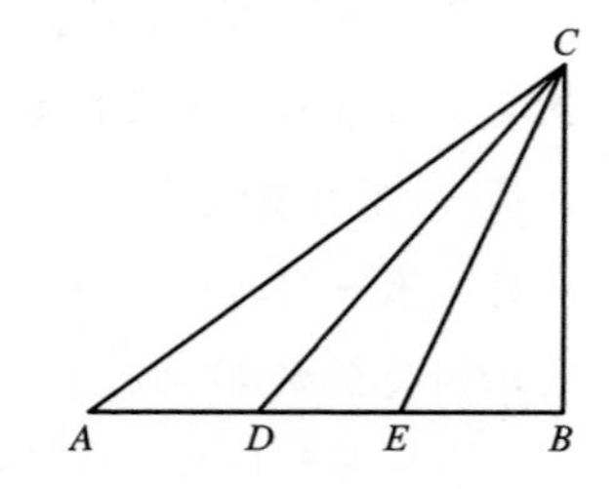

1　伽利略在此处和其他地方犯了一个错误。通过将运动系统的质量增加 1 倍（质量是伽利略不具备的概念：它将由牛顿在《原理》中引入），速度降至一半。假如引入动量守恒原则，分析就很简单了，这也是牛顿的功劳；简而言之，伽利略经常会犯“二分之一”的错误。

论我们可以理解，无论从图中的 A、D、E 还是 B 开始，将同一个重物从水平面提升到 C 的位置，所需的力都一样大。第三，我们还得记住，从高度相同的两个平面下落的时间之比等于这两个平面的长度之比，因此，如果平面 AC 的长度是平面 CE 长度的 2 倍，且是平面 CB 长度的 4 倍，则物体沿 CA 下落的时间将是沿 CE 下落时长的 2 倍和沿 CB 下落时长的 4 倍。

最后，再记住一件事，用另一个重物作为牵引的动力，在不同倾率的平面上拖动同一个重物，动力来自另一个重物。动力重物在较陡的平面上作用会更有效，只要很轻的重量就能发挥作用，因为下落高度相同的情况下，较陡平面的长度定小于平缓平面的长度。

将这些真相铭记于心，就能继续设想下一步。设一个长度是垂直线 CB 的 10 倍的平面 AC，在 AC 上放置一个 100 磅的重物 S。拿一根绳子拴住 S 并穿过放置在 C 点上方的滑轮，随后在其另一端固定一个 10 磅的重物 P，只要稍微使点力，重物 P 就会一边下落一边拖动重物 S 沿着 AC 平面移动(如图所见)。

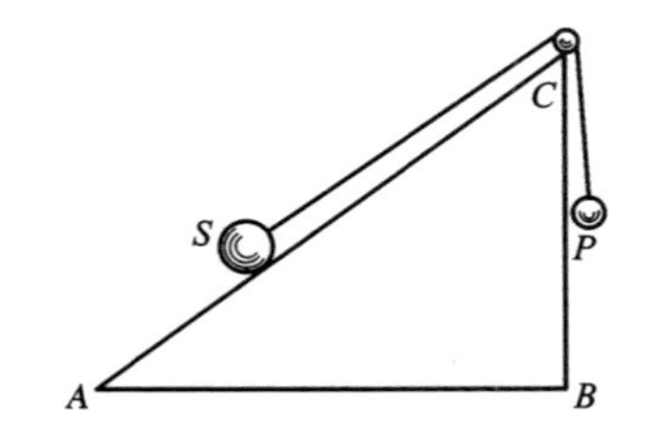

值得注意的是，较大的重物在平面上通过的距离等于下落的较小重物移动的距离。于是，有人可能禁不住质疑起适用于所有力学命题的一般真理，即小的力不能克服和移动大的阻力，除非与前者的运动速度以与它们的重量成反比的尺度超越后者。但在这个例子中，小重物的下落是垂直方向的，故只能与大重物 S 在垂直方向的上升程度相比较，应该观察后者从水平线开始垂直上升了多少高度；也就是说，考虑大重物沿垂直方向 BC 上跨越了多少距离。我经过深思熟虑，肯定地说出以下结论，随后会加以解释和证明。

命题：假设某给定重物从一个固定的高度落下，它用冲击效应推动一个阻力物体，使其以匀速通过一段特定的距离，而复制同等效果需要对应一个确定量的自重(只施加压力，不具备速度)。依然使用原来的冲击物推动一个阻力更大的对象，这次推动的距离是第一次的一半，而实现第二次的同等效果则需要相当于第一次 2 倍的自重。其他比例关系亦是如此。

在前面打桩机的例子中，用来克服阻力的自重不能小于 100 磅。但是利用冲击力的话，区区 10 磅重的桩子就够了，让它从 4 臂的高度落下并贯入地下 4 拇指深，产生的效果一样。

首先，根据前文可以清楚地了解到，若使 10 磅的重量垂直下落，完全能够把 100 磅的重物从长度是高度10倍的斜面上抬起来。可以想象如果把物体从垂直下落获得的动量用来提升另一个阻力与之相等的物体,它将使对方提升相同的高度;但是10磅的重物在垂直下落时的阻力等于100磅的重物沿长度是其垂直高度10倍的平面上升时的阻力。因此,如果10磅的重物从任意高度垂直下落并将它获得的动量施加到100磅的重物上,将推动它在斜面上沿着与垂直高度相对应的长度移动,垂直高度相当于斜面上长度的十分之一。

已经总结过,垂直重量的力在这个倾斜平面上平衡了10倍大的力。另有一个明显的事实,10磅重物垂直下落的动量足够用来举起100磅重物,而且也是垂直方向,不过它提升的高度仅为10磅重物历经路程的十分之一。

但是,能够举起100磅重物的那个力等于将同为100磅的重物压在桩子上将其推入地面的力。这就解释了为何10磅重物下落产生的力与100磅重物施压产生的力旗鼓相当,前提是被冲击的对象通过的距离不超过冲击物下落高度的十分之一。

现在假设桩子的阻力增加1倍或2倍,那就需要200磅或300磅的自重来克服它的压力,重复推理我们会发现,10磅重物垂直下落的动量能够推动桩子如同第一次那般第二、第三次深入地下。

因此,就算阻力无限增大,同样的冲击力必然道高一尺,但抵抗物体被推动的距离也在不断缩短。我们可以胸有成竹地断言,冲击的力量是无限的。但换个角度理解,也能宣称不含冲击的压力是无限大的:只要压力超出桩子的阻力,就能无止境地推其深入地下。

萨格: 你说的话一针见血。但我的体会是,冲击效力的发生方式不胜枚举,适用的阻力对象也多得令人眼花缭乱,继续挑一些这样的实际案例来解释或许会大有益处,理解个别实例有望帮我们打开思路,从而一通百通。

萨尔: 没问题,我已经准备了好几个例子。首先说明有一种情况会时不时会发生,那就是冲击效果没有体现在被冲击物体上,反而在冲击物本体身上尤为明显。举起一把铅锤敲击一个特定的铁砧,打击效果会体现在锤子上而不是铁砧上,锤子会被压扁,铁砧却无凹陷的痕迹。还有一个差不多的情况见于锤子对雕塑家的凿子的影响。因为锤子是软而未经回火的铁,用它反复敲打坚硬的钢凿子,并不会对凿子造成大碍,反倒锤子本身伤痕累累。另一件事儿也很常见:一个人持续地往非常坚硬的木头上锤入钉子,锤子被反弹回来而推入不了钉子。这个例子和充满气的球在坚硬的地板上遭遇弹回如出一辙:球在两者相撞时屈服,但很快就恢复到它最初的弧形。不仅球作为冲击物时会屈服并复原形状,当它作为被撞击对象也会经历同样的反弹:若是材质坚硬,没有弹性的球落在绷得紧紧的乐器鼓膜上一样被弹回。

冲击力和纯压力双剑合璧的效果也令人惊叹不已。我们在类似榨油机的设备中能见到，通过几个人的简单推力，使压榨螺旋下降到位。通过将推杆往回一拉然后迅速拧动，仅靠 4 个人或 6 个人的力量将榨螺移动到了十几个人的推力所不能达到的效果。在这种情况下的推杆必须足够粗，且用非常坚硬的木头制成，这样才能弯曲极小或根本不会弯曲，不然的话冲击的力量全消耗在扭曲它上了[62]。

在每一个必须靠力量移动的物体上似乎存在两种不同的反抗阻力。其中之一与内部阻力有关，就是我们说的举起一个重达 1 000 磅的物体比举起一个重达 100 磅的身体要难得多；另一个则关乎物体需要移动的距离，就比如，需要花费更大的力气才能把一块石头抛出 100 步而不是 50 步，诸如此类。与这些不同阻力成比例对应的是两种不一样的动力：一种动力纯粹施压而不带冲击，另一种动力则完全来自冲击力。不依赖冲击效应的运动遇到的阻力较小，但通过持续施加同等推力可以移动无限的距离。

全靠冲击力促发的运动可以克服任意大的阻力，但移动的距离有限。因此，我认可这两个命题的真实性：冲击可以在有限的限定区间内移动无限大的阻力，而推力可以在无限范围内移动有限的限定阻力。这些事情让我怀疑萨格雷多的问题是否真有答案，就像拿两个毫无类比性的事物做比较是永远寻求不到答案的——我相信，冲击和压力就是两个不可比较的行为。

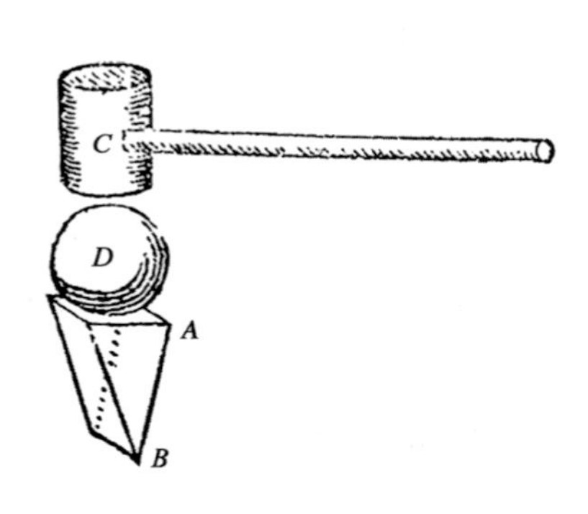

例如，在图中所示的特定情况下，无畏的冲击力 C 可以克服楔形 BA 中的任何巨大阻力，但只能使其通过一个有限的空间距离，而压力 D 无法克服楔形 BA 中的任何现存阻力，虽说它仅仅是一个有限的，且重量比 D 还小的阻力。然而，只要运动体 AB 中的阻力始终保持不变，压力 D 不但能穿越 B 点和 A 点之间的有限距离，还能继续推至无限远，在没有其他特殊条件的前提下这个假设是必然的。

物体面对任何速度移动的重物冲击都当即屈服，因为那样就意味着瞬间运动穿越了一个有限空间，这显然是天方夜谭。既然在冲击位置的屈服行为需要时间，那么获得冲击引起的运动也会有所耗时。

全文终。

尾注

[1] 伽利略1640年6月23日于佛罗伦萨的阿切特里写给福尔图尼奥·利切蒂(Fortunio Liceti)的信。

[2] 牛顿阐明了两条动力学定律如下(参见参考文献〔45〕):

牛顿第一定律:一切物体总是保持静止状态或匀速直线运动状态,直到有外力迫使它改变这种状态为止。

牛顿第二定律:运动的变化与所受的动力成正比,并且沿着作用力本身的直线方向发生。

他还写道:通过前两条定律和推论,伽利略发现,若不计介质阻力造成的些许延迟,重物下落的距离与时间的平方成正比,抛体运动的轨迹为抛物线,这已被实验证实。

[3] 伽利略在《两大世界体系的对话》一书中这样介绍他们:"多年前,我曾多次到访名胜之城威尼斯,与焦万·弗朗切斯科·萨格雷多(Giovan Francesco Sagredo)先生开怀畅谈,他出生显赫,头脑敏锐。菲利波·萨尔维亚蒂(Filippo Salviati)先生是佛罗伦萨人,高贵的血统和万贯的家财难掩他身上智慧的光芒,他以深刻透彻的思考,而不以追求任何乐事为修身之道。我还常常在一位逍遥派哲学家面前同这两位朋友探讨上述话题,这位哲学家认为寻求真理之路上有一个最大的藩篱,那就是他因解读亚里士多德思想而获得的声誉。然而,残酷的死神降临于两位挚友人生中最晴朗的天空,熄灭了威尼斯和佛罗伦萨这两盏伟大的明灯。我决心尽自己绵薄之力在书稿上延续两人的盛名,让他们作为对话者参与本书内容的讨论。逍遥派学者也会拥有他的位置,由于他极度偏爱辛普利西奥的评论,那么隐去他的真名,用受人之敬仰的作家之名来替代也算作体面之举。"

[4] 参见乔治斯(Georges)和卡隆吉(Calonghi)编写的《拉丁语-意大利语字典》(都灵:Rosenberg & Sellier出版社,1950)。

[5] 亚里士多德(《形而上学》,1025b2;《论天》,299a1)认为对于现实世界的现象、数学等理性科学的应用是有局限性的。

[6] 伽利略·伽利雷《试金者》第六章。

[7] 亚里士多德《物理学》,215a.24-216a.26。

[8] 亚里士多德《物理学》,225a.25－26;《灵魂》,217a.17。

[9] 亚里士多德《论天》,311b.33。

[10] 伽利略·伽利雷《关于水中沉浮性质的对话》(参考文献〔42〕)第四章,106－107。

[11] 本作品真实性有待考证,许多学者认为其出自逍遥学派,而非亚里士多德本人。

[12] 乔瓦尼·迪·桂瓦拉(1561—1641)是特阿诺的主教,曾与伽利略讨论过这个问题,并写入其著作《评注亚里士多德〈机械论〉》(马斯卡尔迪,罗马,1627)。

[13] 请注意,伽利略已经接近极限的概念,后来由牛顿和莱布尼茨将其正式确立。

[14] 在文本中,伽利略提到了卢卡·瓦莱里奥(参考文献〔40〕)的作品。在高度相等的两个立体上,作任意平行于两个底面且距离相等的平面,如果被平面切下的截面始终保持固定比例,则立体的体积也将保持这一比例,现在称为卡瓦列里原理。该原理由伽利略的学生博纳文图拉·卡瓦列里证明,并于1647年在《关于两门新科学的对话》之后发表。

[15] 添加的图取自维基共享资源(文件:Apothem2.svg,公共域),并对其进行了改编。

[16] 亚里士多德《物理学》,215a.24－216a.21;《论天》,301b。

[17] 亚里士多德《物理学》,215a.25。

[18] 伽利略·伽利雷《关于水中沉浮性质的对话》(参考文献〔42〕)第四章,103。

[19] 亚里士多德《论天》第1～2卷。

[20] 亚里士多德《论天》,311b9－10。

[21] 伽利略在他所拥有的原稿文本的页面空白处手写补充的内容。

[22] 引用极富诗情画意的原文:“美妙的观察能够逐一地分辨出物体颤抖中产生的共鸣波浪,接着,那些通过空气扩散开来的波浪在我们的耳膜上制造刺激,在我们的灵魂中化为声音。只要手指继续摩擦,在水中难以维系的它们就会持续翻滚,纵然如此也水中的波浪也无法永恒的,它们不断产生,继而溶解。如果一个人能够精心打磨那些长期存有的事物,我是指几个月和几年,这样就可以方便地对它们进行测量和编号,这难道不是一件美好的事情吗?”

[23] 阿基米德《论平面图形的平衡》第一卷命题6～7。

[24] 亚里士多德《论机械》,27。

[25] 阿里奥斯托《疯狂的罗兰》第十七歌,30。今天使用的版本有两个微小差异,不

知伽利略是否有不同的版本，或者他只是记错了引文。

[26] 亚里士多德《论机械》，14。

[27] 此处略去一个证明和一个问题，因从公式(14)可直接求得。

[28] 对伽利略的绘图略作改动，增加了棱柱下的 z 轴。

[29] 阿基米德《螺旋线》命题 10。伽利略引用了该原理但没有重复证明，读者可以通过归纳法或通过证明循环公式来对其论证。

$$1^2+\cdots+n^2=\frac{n(n+1)(2n+1)}{6}$$

[30] 卢卡·瓦莱里奥《抛物线面积求法》，罗马 1606，命题 9。

[31] 对卢卡·瓦莱里奥(1553—1618)的追悼似乎一言难尽。出于对瓦莱里奥工作的着想，伽利略放弃出版他与瓦莱里奥就同一主题开展的早期研究，这些作品后来作为附录被收录于第一版的《关于两门新科学的对话》中。伽利略在帕多瓦的那段时期里两人经常书信往来。然而，瓦莱里奥在 1616 年反对哥白尼的思想，他们因此中断通信。

[32] 伽利略明确地讨论了这个问题，但因与代数论证与相比过于复杂，文中在此略去。伽利略还举例用几何方法求一个与空心柱体等体积的实心圆柱体的半径 R。用代数方法则轻而易举：

$$\pi R^2=\pi(R_{\text{ext}}^2-R_{\text{int}}^2)$$

[33] 本定义包括原文中的命题 1～命题 6，伽利略遵循一条更明确的路径来避免使用非齐次量之间的关系。

[34] 这个定义和由此得出的公式(20)包含了伽利略原著中的原则 1～4 和定理(命题)1～4。

[35] 这幅图和萨尔维亚蒂的发言(包括他和萨格雷多之间的对话)没有出现在 1638 年的版本中，仅见于 1655 年由多扎在博洛尼亚出版的第二版(由文森佐·维维亚尼编辑，除了这部分内容以外，其余皆与 1638 年的第一版相同)以及后续版本中，特别是 1718 年版。维维亚尼说，这个补充内容是 1638 年底在重读第一版时由当时已失明的伽利略口述给他的，两人于 1639 年 11 月对其进行了修订。

[36] 伽利略在帕多瓦的力学授课笔记是手稿。马林·梅森神父在 1634 年首次出版了法语译本(参考文献〔9〕)。在意大利出版的是由伽利略的学生编辑的遗作

(参考文献〔8〕含其他未刊印的笔记)。而本《关于两门新科学的对话》已收录了这些原始材料。

[37] 在原图基础上已做修改。

[38] 米开朗基罗·博纳罗蒂的一首十四行诗引述:"最伟大的雕刻家的思想/只能深埋于岩石之中/而双手所能发现的/都是从头脑中得到的训令"(《十四行诗》,151,1-4)。其实,任何雕像都已存在于大理石块中,艺术家在智慧的指引下可以徒手去除多余的石料并呈现雕像的原貌。

[39] 省略了之前的部分证明和问题(命题从 9～23),这些内容的信息被已经证明的公式覆盖:

$$s=\frac{1}{2}at^2;\ a=\frac{gh}{s}$$

[40] 省略了之前的命题 26～35,原因同[39]。

[41] 这个证明中遵循了 R.曼德尔(R. Mandl)、T.皮林格尔(T. Pühringer)和 M.泰勒(M.Thaler)发表文章《伽利略定理关于沿圆内双弦路径下落时间的分析方法》的一部分(原载于《美国数学月刊》,119,6,2012,468-476),也根据此部分内容调整了配图。以上作者们提出了一个更完整的、对于到达点不是圆周最低点也成立的证明,论证方式更为完美。

[42] 省略命题 37 和 38,原因同[39]。

[43] 该段真实性有待考证,因其只出现在 1537 年之后的版本中。

[44] 伽利略特别在标题中强调了"proietto"这个词用以表示发射后的抛射物。用法无误,但相对现代意大利语听起来有点滑稽,文中遗憾地始终使用"proiettile"一词以替代。

[45] 阿波罗尼奥斯(佩尔洛,现称安塔托利亚,公元前 262 年,埃及亚历山大港,公元前 190 年)《圆锥曲线论》。

[46] 阿基米德《力学》以及《抛物线求积法》。

[47] 地球半径的测量结果与目前公认的 6 371 公里测量值相比,误差不到 4%。第一次世界大战中使用的最强大的火炮射程约为 14 公里。目前的超级大炮射程可达约 200 公里。

[48] 《第三天》中的表述很含糊,但伽利略的意思是他做到了。

[49] 特别有趣的洞察。如果行星从一个点“落下”，获得与轨道相匹配的速度将是“惊为天人”的。伽利略不知道万有引力定律，他既没有物理工具也没有数学工具来正确进行这一计算。文中此处他一如既往地以欲言又止的方式暗示自己知道的比说的多，并表示有人可以算出来——尽管从现代视角来看这在当时不可能是真的。通过计算得出（例如通过应用维里亚尔定理），行星从无限大开始运动获得的速度等于轨道速度乘以$\sqrt{2}$，对于一个纯粹基于直觉的推测而言还算不错。请注意，这个论点很复杂，伽利略在高深莫测的表象背后再次隐藏了他的日心主义思想。

[50] 这一段话表明伽利略想在这部作品中加入讨论《新增的一天》内容（《冲击的力量》）。

[51] 从这里开始到含方程(44)在内的部分与原始文本相去甚远，原因同[39]。伽利略提出了某些命题(3～13)，并推导出一张抛体运动轨迹表，其中罗列了射程和最大高度与仰角和速度的关系，其内容包含在即将证明的公式中。

[52] 下图未出现在原版，是后来添加的。

[53] 伽利略原来的证明方式与本文背道而驰。他首先演示了下一段落的证明，然后谈到抛体的运动在时间上是可逆的，因此抛体的发射可以用两条半抛物线之和来描述。笛卡尔在写给马林·梅森的信中对这一证明提出了严厉批评，并称其就像伽利略的许多证明一样纯属“凭空捏造”。

[54] 伽利略在此处和下文中使用了今天意义上的“力”一词。

[55] 亚里士多德《论机械》，20。

[56] 原图部分内容已删除。

[57] 再一次预告论关于《冲击力的一天》内容。

[58] 保罗·阿普罗伊诺(1586—1638)曾就读于帕多瓦大学艺术系（包括天文学、辩证法、哲学、语法、医学和修辞学），是伽利略的学生。伽利略注意到他在物理研究方面天赋异禀，并安排他参与力学研究。毕业后，他与恩师伽利略保持着私人联系和书信往来。

[59] 丹尼尔·安东尼尼(1588—1616)于1608—1610年间在帕多瓦成为伽利略的学生，后来成为他的笔友。他与阿普罗伊诺的名字同时出现表明了此处提到实验，以及伽利略记录在手稿里的其他关键性实验都是在那个年代进行的。

[60] 恩斯特·马赫在他的基础性研究论文《力学及其发展的批判历史概论》(参考文献〔29〕)中详细研究了伽利略的天平,此处草图就是从该论中摘录的。

[61] 虽然身处的时代背景不同,这里描述的实验装置就是今天的"阿特伍德机"(Atwood's machine)。

[62] 以下三段文字呈现在1718年版《关于两门新科学的对话》中,摘录自一张由伽利略亲笔写的手稿,该手稿被夹在关于冲击力的草稿中。这张被法瓦罗称为片段一的手稿已经遗失纸。后面的第四段,即本书选择的结尾,属于法瓦罗所说的片段四,理论上也是伽利略本人之作,因为马林·梅森在其《机械学》的序言中如是评论过(参考文献〔9〕)。

编者评述

任何关于伽利略作品的评论，尤其是对《关于两门新科学的对话》[1-2]的评论，都不能忽略意大利国家版《伽利略全集》[3]编辑安东尼奥·法瓦罗所做的伟大贡献。单就这一部作品而言，在19世纪和20世纪之交，法瓦罗在多如牛毛的版本中为《关于两门新科学的对话》一书确立了标准版本，此外他还攻克三座大山：

- 分析了佛罗伦萨国家图书馆收藏的伽利略手稿第72卷与本书相关的页面（主要包含与运动相关的所有实验报告）。伽利略手稿所包含的信息往往比正式出版的内容更为丰富，它们就是现代实验物理学家们所说的日志[3]。
- 成功重建了伽利略图书馆[4]。这对于理解虚假的引文和不同版本的定理起源非常重要，如所谓的阿基米德建立的定理并不符合当代经过验证的希腊文本。
- 生动地还原了伽利略在帕多瓦时期的工作环境，在那里伽利略进行了大部分实验[5-6]，他的工作中也包含了对"人"状态的研究——一个充满青春活力的人所有的交往对象、行为习惯、兴趣爱好。

因此，我毫不迟疑地选择了法瓦罗的版本作为本书的起点，其中还纳入了涉及相关主题的手写笔记。

然而，伽利略对静力学和动力学的研究进程不是同步的。在1580—1585年比萨学习期间，伽利略在实验中观察到了钟摆的等时性。他在1592年搬到帕多瓦，在此之前，也就是在佛罗伦萨和皮桑的任教期间，他在持续研究流体力学和平衡学。反映伽利略思想变化历程的帕多瓦力学授课讲义[称为《论力学》(*Le Meccaniche*)]被保留了几份非手写的抄本[7]，但不幸的是每一份抄本之间都存在出入，还有一份伽利略死后由他学生编辑的印刷品也略有缺陷[8]。伽利略早年也有过不少错误观点，他本人在1638年撰写的《关于两门新科学的对话》中对其进行了纠正。伽利略的研究经历里还有个形影不离的人物——马林·梅森神父，有时甚至他的讲义和作品在意大利还未问世，这位伟大的法国数学家就将其翻译了出来，并在译本中加入大量原创理解。正是因为他，才使伽利略具有参考价值的原版《论力学》得以保存下来[9]。马林·梅森还与笛卡尔保持着密切的通信，笛卡尔严厉批评过伽利略的研究方法。德雷克[10]在一部伟大的著作中详尽分析了伽利略在帕多瓦任教时期以外的研究经历。

至于翻译成"代数"语言这项工作，在我之前没有任何文献先例。第一位做此尝试的是马林·梅森，他在伽利略著作出版的第二年发表了闪耀其个性光芒、极富创意的作品[11]。在众多版本中，我认为1945年阿根廷人何塞·圣罗曼·维拉桑特(José San

Roman Villasante)在布宜诺斯艾利斯编辑的西班牙语版[12]和1970年莫里斯·克拉维林(Maurice Clavelin)在巴黎编辑的法文版[13]是最深刻的,也是引入最多"附加价值"的版本。学术圈外人士皮耶里尼(Pierini)的版本[14]几乎无人不知,他的这一版与其他版本相比,原创色彩异常鲜明,特别是对伽利略作品的"工程式"视阈。我有时也参考卡鲁格(Carugo)和杰莫纳特(Geymonat)[15]、朱斯提(Giusti)[16]、克鲁(Crew)和德·萨尔维奥(De Salvio)[17]的版本,以及谢伊(Shea)和戴维(Davie)[18]版本的一部分,但使用相对较少。在与建筑科学有关的两个特殊主题上,我参考了本韦努托(Benvenuto)[21]和迪帕斯卡莱(Di Pasquale)[22]的著作,他们将伽利略对材料抗力的分析与现代观点进行了比较,以及马拉基亚(Maracchia)[23]的著作,他将伽利略的证明与阿基米德的证明进行了比较,并分析了文献真伪。在时间测量法方面,除了我作为实验物理学家的判断和我个人对文本的分析之外,还参考了德雷克(Drake)[10]、韦尔加拉·卡法雷利(Vergara Caffarelli)[24]、塞特(Settle)[25]、莱普奇(Lepschy)和维亚罗(Viaro)[26]、贝罗内(Bellone)[27]和加鲁兹(Galluzzi)[28]等人的重建工作。

除去极特殊情况,书中的图片都是与佛罗伦萨国家图书馆合作,从最古老的版本开始扫描的:书中前四天的图片来自1638年的原始版本[1],新增的一天图片来自1718年的版本[2],正是在这一版里首次加入了补充日的讨论内容。经过与手稿的比对,我得出的观点大致与法瓦罗相符,即这些绘图基本是伽利略亲手绘制的。但我对于《第四天》和《新增的一天》的看法则与法瓦罗略有不同,不同的手笔明显可见,这也与伽利略视力日渐衰退和学生们频繁到访他家的情况一致。对于少数图画我没有直接沿用原图,或者对原图进行了修改,尾注中皆有解释。我添加了两幅自己的原创插图和一幅来自恩斯特·马赫(Ernst Mach)研究著作的绘图[29]。感谢现代技术的帮助,以及佛罗伦萨国家图书馆的管理员苏珊娜·佩莱(Susanna Pelle)和柯迪切(Codice)出版社的主编恩里科·卡萨代伊(Enrico Casadei)宝贵的帮助,这部作品中的图片比法瓦罗版至今的任何现代版本都要忠于历史,若实在有不得已的修订必要,操作慎之又慎。

关于亚里士多德的两部著作《物理学》[30]和《论天》[31],以及阿基米德[32]的著作,我都以双语版本为参考。对于阿基米德,我还使用了希思(Heath)[33]的英译本。对亚里士多德片段的引用对应贝克(Bekker)的编号[34],除了《论机械》(*Questioni Meccaniche*)对应的是问题序号。

正如前文所言,我想编写一个《关于两门新科学的对话》的"现代"版本,故有时必须果断做出取舍。举一个希望无伤大雅的例子,此版本中的角色毫不拘谨,他们互相交流不用尊称,而是直呼其名,像现代的朋友一般相处。而我在数学方面的处理比措辞更为保守，避免使用伽利略时代未知的数学工具（特别强调未采用积分学，更未使用无限级数的求和）。但我用到了与伽利略同时期的法国学派（笛卡尔、马林·梅森）发明的一些数学工具，如代数式和一点解析几何。

本书相对于原稿遗漏极少，而且均有明确标注，删减的基本是翻译成公式之后显得画蛇添足的内容；读者仍可根据尾注自行判断，若有需要也可按指引查阅原文。增补的内容寥寥无几：仅一些数字和一个直接从第四天抛体运动的代数公式得出的显著证明，尾注中也予以了强调。特别是对于后者我有些许怀疑，因为它简化了伽利略的复杂心理过程，而这正是笛卡尔言辞抨击的对象。但愿我的疑惑已经悉数向读者传递清楚，某些取舍确实情非得已。至于法瓦罗依伽利略个人留存的副本空白处的注释所做的其他细微补充，我没有做深入的评论，因为在我看来它们不影响作品的实质。

关于冲击力的一天值得特别一书[3,10,35,36]。如前文所述，这一天的内容并没有在作者有生之年发表[2]，或许会有一些真伪难辨的情节。法瓦罗将肯定出自伽利略的部分与一些有不同程度归属的片段分开（有些显然是由了解大师去世后物理学演变的学生添加的）。我凭着自己身为实验物理学家的经验，做出了一个保守的选择，把确定属于伽利略的部分全数收录，也是因为 1718 年的出版商宣称他们已经重新找到了伽利略的手稿，而今时今日这些手稿已不幸遗失。所以我只谨慎地添加了一小部分其他片段。我只能说这些片段是根据自己的知识和发现以及历史资料而推断出的可能属于伽利略的陈述。对这部作品，尤其是《新增的一天》的深入分析主要归功于马赫(Mach)[29]，这在尾注中也有明确说明。这一章节被法瓦罗称为“第六天”，是在 1718 年的佛罗伦萨版特别呈现的（在 1718 年版的“第五天”中，伽利略使用比欧几里得《几何原本》第五卷中更直观的方式定义了“比例”）。

传记取材于法瓦罗[37]和卡梅罗塔(Camerota)[38]的年表。我津津有味地阅读了格莱柯(Greco)[39]写得引人入胜的原创传记，并从中汲取了灵感。

衷心希望读者们和我分享观点和意见，我渴望听到你们的声音，因为我对很多选择的疑虑曾经有过，现在还有。

最后，正如我在前言中所写，为了让伽利略的文字变得更易读、更好读，我与诸多友人通力合作且受益匪浅，在此真心地向他们表示感谢。若在他们的贡献中读出些许差错，一切都归咎于我，我对他们感激涕零，直到永远。

鸣 谢

同事和朋友切撒莱·巴尔贝利(Cesare Barbieri)、米凯莱·贝罗尼(Michele Bellone)、贾科莫·博诺利(Giacomo Bonnoli)、路易莎·博诺里斯(Luisa Bonolis)、乔瓦尼·布塞托(Giovanni Busetto)、米凯莱·卡梅罗塔(Michele Camerota)、乔瓦娜·达戈斯蒂诺(Giovanna D'Agostino)、米凯拉(Michela)和尼古拉·德玛丽亚(Nicola De Maria)、摩西·马里奥蒂(Mosè Mariotti)、亚历山德罗·帕斯科利尼(Alessandro Pascolini)、南多·帕塔特(Nando Patat)、里卡多·兰多(Riccardo Rando)、安东尼奥·萨基恩(Antonio Saggion)、卢易吉·赛科(Luigi Secco)、安德里亚(Andrea)、纳迪亚(Nadia)和瓦莱里亚·西齐亚(Valeria Sitzia)、保罗·斯皮内利(Paolo Spinelli)、马可·塔瓦尼(Marco Tavani)、罗萨纳·维米里奥(Rossana Vermiglio)为本书的证明部分和内容质量做出了贡献,提供了宝贵的建议。亚历山德罗·贝蒂尼(Alessandro Bettini)和詹尼·科米尼(Gianni Comini)为我提供了难以独自获得的想法和信息。弗朗西斯科·德斯特法诺(Francesco De Stefano)的细心校对帮我更正了一些非常细微的错误。泰尔莫·皮耶瓦尼(Telmo Pievani)一直鼓励我,与他交谈总是很愉快,我希望我写一本更优秀的作品来向他致敬。我希望他们能包容我文字中的缺陷,我不是意志力不够强,而是能力有限,但愿他们会原谅我。

本书的编写工作还得到了帕多瓦"萨沃伊奥斯塔公爵阿梅迪欧"(Amedeo di Savoia Duca d'Aosta)文科高中3G、3I和4B班同学们的协助,他们接受了各自的老师克劳迪奥·方顿(数学和物理学)、玛丽亚·路易莎·里希特利(数学和物理)和安娜·洛里·贝尔蒂(哲学)的指导下协助编写工作,校长阿尔贝托·达涅利也对这项工作给予了大力支持。同学们经过老师们的指点,分析了前两天的内容并用现代意大利语写成一版初稿。

本书的一部分是我在乌迪内的特尔索宫(Palazzo del Torso)完成的,这里以前是《冲击力的一天》篇章里提及的丹尼尔·安东尼的住所,现在是意大利国际力学中心(CISM)总部。最后,我要感谢佛罗伦萨的国家图书馆和伽利略博物馆、帕多瓦大学历史中心和图书馆、"伽利略·伽利雷"物理与天文学系的"布鲁诺·罗西"图书馆以及乌迪内大学科学图书馆。

参考文献

〔1〕 Galileo Galilei, *Discorsie dimostrazioni matematiche intorno a due nuove scienze attenenti alla mecanica & i movimenti locali* (...) *con una appendice del centro di gravità d'alcuni solidi*, presso gli Elzevirii, Leide 1638.

〔2〕 Galileo Galilei, *Discorsi* ..., in *Opere*, vol. 2, Tartini e Franchi, Firenze 1718.

〔3〕 Galileo Galilei, *Discorsi* ..., in *Le Opere di Galileo Galilei*, vol.8 dell'Edizione Nazionale, a cura di Antonio Favaro, Barbèra, Firenze 1898, e successive edizioni 1933, 1965, 1968; include note dai manoscritti dell'autore e frammenti.

〔4〕 Antonio Favaro, *La libreria di Galileo Galilei descritta e illustrata*, in *Bollettino di Bibliografia e di storia delle Scienze matematiche e fisiche*, XIX, 1886, pp.219 - 293; Appendice alla prima libreria di Galileo Galilei descritta e illustrata, *ivi*, XX, 1887, pp.372 - 376.

〔5〕 Antonio Favaro, *Galileo Galilei e lo Studio di Padova*, Le Monnier, Firenze 1883; ristampa Antenore, Padova 2000.

〔6〕 Antonio Favaro, *Galileo Galilei a Padova*, Antenore, Padova 1968.

〔7〕 Galileo Galilei, *Le mecaniche*, probabilmente 1598, vol. 2 dell'Edizione Nazionale, a cura di Antonio Favaro, Barbèra, Firenze 1898.

〔8〕 *Della scienza mecanica e delle utilità che si traggono da gl'istromenti di quella, opera cavata da manoscritti dell'eccellentissino matematico Galileo Galilei dal cavalier Luca Danesi da Ravenna*, Camerali, Ravenna 1649.

〔9〕 *Les méchaniques de Galielée mathématicien & mgémeur du Duc de Florence*, a cura di Père Marin Mersenne, Henry Guenon, Parigi 1634.

〔10〕 Galileo Galilei, *Two New Sciences*, traduzione e cura di Stillman Drake, University of Wisconsin Press, Madison 1974; Walland, Toronto 1989.

〔11〕 Père Marin Mersenne, *Les nouvelles pensées de Galilée*, Henry Guenon, Parigi 1639.

〔12〕 Galileo Galilei, *Dialogos acerca de Dos Nuevas Ciencias*, traduzione e cura di José San Roman Villasante, Losada, Buenos Aires 1945.

〔13〕 Galileo Galilei, *Discours et demonstrations mathématiques concernant Deux*

Sciences Nouvelles, traduzione e cura di Maurice Clavelin, Colin, Parigi 1970.

〔14〕 Galileo Galilei, *Discorsi* ..., a cura di Claudio Pierini, Simeoni, Verona 2011.

〔15〕 Galileo Galilei, *Discorsi* ..., a cura di Adriano Carugo e Ludovico Geymonat, Boringhieri, Torino 1958; include note e frammenti.

〔16〕 Galileo Galilei, *Discorsi* ..., a cura di Enrico Giusti, Einaudi, Torino 1990.

〔17〕 Galileo Galilei, *Dialogues Concerning Two New Sciences* ..., traduzione dall'italiano e dal latino di Henry Crew e Alfonso De Salvio, con un'Introduzione di Antonio Favaro, MacMillan, New York 1914, e successive edizioni 1933, 1939, 1946, 1950.

〔18〕 William R. Shea e Mark R. Davie, *Galileo Galilei Selected Writings*, Oxford University Press, Oxford 2012.

〔19〕 Stephen Hawking, *On the Shoulders of Giants: The Great Works of Physics and Astronomy*, Running Press, Philadelphia 2002.

〔20〕 Alexandre Koyré, *Études galiléennes*, Hermann, Parigi 1939.

〔21〕 Edoardo Benvenuto, *La scienza delle costruzioni nel suo sviluppo storico*, Sansoni, Firenze 1981.

〔22〕 Salvatore Di Pasquale, *L'arte del costruire*, Marsilio, Venezia 1996.

〔23〕 Silvio Maracchia, *Galileo e Archimede*, non pubblicato.

〔24〕 Roberto Vergara Caffarelli, *Il laboratorio di Galileo*, pubblicato in proprio, Pavia 2005.

〔25〕 Thomas B. Settle, *An Experiment in the History of Science*, in "Science", 133, 1981 p.19.

〔26〕 Antonio Lepschy e Umberto Viaro, *Galileo e la misura dello spazio e del tempo*, Atti delle Celebrazioni Galileiane in Padova, LINT, Trieste 1995, p.109.

〔27〕 Enrico Bellone, lezioni, non pubblicate.

〔28〕 Paolo Galluzzi, sezione sulla misura del tempo al Museo Galileo di Firenze.

〔29〕 Ernst Mach, *Die Mechanik in ihrer Entwickehing historisch-kritisch dargestellt*, Brockhaus, Lipsia 1883, ed. italiana: *La meccanica nel suo sviluppo storico-critico*, Boringhieri, Torino 1992.

〔30〕 Aristotele, *Fisica*, a cura di Luigi Ruggiu, Rusconi, Milano 1995.

〔31〕 Aristotele, *Du ciel*, a cura di Paul Moraux, Les belles lettres, Parigi 2003.

〔32〕 Archimede, *Oeuvres*, a cura di Charles Mugler, Les belles lettres, Parigi 1970.

〔33〕 Thomas Heath, *The Works of Archimedes*, Cambridge University Press, Cambridge 1897.

〔34〕 *Aristotelis Opera*, 5 voll., a cura di Immanuel Bekker, Academia Regia Borussica, Berlino 1831 - 1870.

〔35〕 *Galileo in Context*, a cura di Jürgen Renn, Cambridge University Press, Cambridge 2001.

〔36〕 Roberto Vergara Caffarelli, *Il principio d'inerzia negli ultimi scritti di Galileo*, in *A Reconstruction of 50 Years of Experiments and Discoveries*, SIF-Springer, Heidelberg 2009.

〔37〕 Antonio Favaro, *Cronologia Galileiana*, R. Accademia di Scienze Lettere ed Arti in Padova, 1891.

〔38〕 Michele Camerota, *Galileo Galilei*, Corriere della Sera, Milano 2019.

〔39〕 Pietro Greco, *Galileo Galilei, the Tuscan Artist*, Springer Nature, Heidelberg 2018.

〔40〕 Luca Valerio, *De centro gravitatis solidorum*, Bonfadino, Roma 1604.

〔41〕 Galileo Galilei, *Sidereus Nuncius*, Baglioni, Venezia 1610.

〔42〕 Galileo Galilei, *Discorso intorno alle cose che stanno in su l'acqua, o che in quella si muovono*, Giunti, Firenze 1612.

〔43〕 Galileo Galilei, *Il Saggiatore*, Mascardi, Roma 1623.

〔44〕 Galileo Galilei, *Dialogo sopra i due massimi sistemi del mondo*, Landini, Firenze 1632.

〔45〕 Isaac Newton, *Philosophiae Naturalis Principia Mathematica*, Streater, Londra 1687.

图片来源说明

以下页面插图[6,7,8,10,14,18,26,31,63,70,71,72,74,76,78,80,81,83,84,85,89,99,100,105,106,107,108,110,111(上),113,118,119,123,125,132]出自：Galileo Galilei，*Discorsi e dimostrazioni matematiche intorno a due nuove scienze attenenti alla meccanica e i movimenti locali*，猞猁学院院士 Galileo Galilei，莱顿，出版家 Elseuirii，1638；佛罗伦萨，佛罗伦萨国家中心图书馆，Banco Rari，169。

以下页面插图[103,147,148,150]出自：Galileo Galilei，*Opere di Galileo Galilei nobile fiorentino accademico linceo*…，第一卷至第三卷，佛罗伦萨，S.A.R.per Gio 印刷，Gaetano Tartini e Santi Franchi，1718；佛罗伦萨，佛罗伦萨国家中心图书馆，Palat. 2.4.5.3，第二卷。

这些插图是由意大利文化遗产活动和旅游部/佛罗伦萨国家中心图书馆特许复制的。禁止以任何方式进一步复制。

[138]页面插图出自：Ernest Mach，*The Science Of Mechanics*，Open Court，芝加哥，1919（编辑：*Die Mechanik in ihrer Entwickelung historisch-kritisch dargestellt*，Brockhaus，莱比锡，1883）。

伽利略时代年谱

1543 年　尼古拉斯·哥白尼出版了《天体革命》，从天文学的角度肯定了日心说体系。

1546 年　第谷·布拉赫(Tycho Brahe)在斯堪尼亚(丹麦，今天的瑞典南部)的克努特斯托普出生。他提高了天文观测的精确度，并促进了随后的物理理论发展。

1548 年　乔尔丹诺·布鲁诺(Giordano Bruno，人称乔尔丹诺)出生于诺拉。

1563 年　特伦托会议结束，肯定了罗马天主教会的价值观，反对激进的新教改革，并有效地启动了反宗教改革。

1564 年　伽利略·伽利雷在比萨出生。他的父亲是琴师兼音乐理论家文森佐，也是音乐领域的实验者，因经济拮据转行经商。他的母亲是朱利亚·阿曼纳蒂(Giulia Ammannati)。伽利略是七个孩子中的长子。这个姓氏源于他的祖先伽利略·博奈乌蒂(Galileo Bonaiuti)，一位出生于 1370 年的杰出医生，他创立了这个家族，死后被埋葬在圣克罗切(Santa Croce)。

1571 年　约翰内斯·冯·开普勒(Johannes von Kepler)出生于德国的魏尔·德尔·斯塔特(Weil der Stadt)。

1572 年　一个极为罕见的、令人叹为观止的天文现象让天空闪耀无比——一个银河系的超新星(所谓的第谷超新星，由布拉赫观测研究)。在几个月的时间里，一个比所有行星都更明亮的物体闪现在天空中，后来又从人们视野中消失。伽利略当年 8 岁。

1574 年　伽利略举家搬到佛罗伦萨。

1581 年　他的父亲文森佐出版了关于和音的论文《古代音乐和现代音乐》。

1581 年　伽利略在比萨的医学系注册，他喜欢钻研医学。

1584 年　布鲁诺在伦敦出版了物理-宇宙学对话三部曲——《论原因、本原与太一》《灰堆上的华宴》《论无限、宇宙和世界》。他在这些论文中提出了支持日心说的论点。

1587 年　伽利略未获得学位。他在发现了钟摆摆动的等时性后，他申请了博洛尼亚大学的数学教席，但却被来自帕多瓦的贾南托尼奥·马基尼慧眼识中。

1589 年　伽利略在比萨担任数学讲师，研究重力和运动，并在自然研究中引入新的方法。

1591 年　布鲁诺在法兰克福发表了《最小》(*De minimo*)、《单一》(*De monade*)和《巨大》(*De immenso*)三篇论文，以新的论据支持哥白尼理论。

1591 年　经历了父亲去世，伽利略承担起家庭经济重担。

1592 年　28 岁时，威尼斯元老院选择他担任帕多瓦大学的数学教席。布鲁诺(还有马吉尼)也作为候选人参与了评选。

1592 年　伽利略搬到帕多瓦，研究机械学，发明了几何和军用罗盘，为学生写讲义，并为一些学生以及工匠马佐莱尼(Mazzoleni)提供住所，后者将来协助他制造仪器和进行实验。他每年的教学任务包括 60 节课，每节课半小时；他的年薪是 180 杜卡迪(ducati)[1]。

1596 年　勒内・笛卡尔(Cartesio)出生于图赖讷拉海镇(La Haye en Touraine)。

1597 年　伽利略写信给开普勒，称自己支持哥白尼学说。

1600 年　伽利略与威尼斯的同居伴侣玛丽娜・甘巴(Marina Gamba)之女维吉妮亚(Virginia)诞生，他当年 36 岁。利维娅(Livia)于次年出生，文森佐于 1606 年出生。

1600 年　布鲁诺被控为异教徒，在罗马被烧死。

1601 年　第谷・布拉赫去世。30 岁的开普勒接替他成为布拉格神圣罗马帝国皇帝的天文学家。

1604 年　天空中出现了一颗新的银河系超新星，比伽利略小时候看到的那颗亮度要低一些(但仍比除金星以外的所有行星的亮度要高)；伽利略为它专门做了三次公开演讲。它是人类历史上有文献记载的七个银河系超新星中的最后一个：公元 185 年、393 年、1006 年、1054 年(其余部分被称为蟹状星云)、1181 年、1572 年(第谷超新星)和 1604 年(开普勒超新星)。

1605 年　伽利略在佛罗伦萨度过夏天，在那里他指导托斯卡纳大公爵(Gran Duca di Toscana)的儿子科西莫学习数学。

1606 年　伽利略在克鲁斯卡学院(Accademia della Crusca)注册。

1607 年　伽利略发明温度计的前身——温度仪。

1608 年　在伽利略 33 岁那年，他的弟弟米开朗基罗(制琴师)成为常驻慕尼黑巴伐利

1　不同时代的货币价值难以对比，但可以举个例子说明这份工资意味着什么：在威尼斯的乡村，带上自己的马在旅馆里住上一周的食宿费用是 1 杜卡迪(ducati)。

亚宫廷的乐师。

1609年　开普勒出版论文《新天文学》，在其中阐述了关于行星运动的第一、第二定律（椭圆轨道定律与等面积定律），尤其证明了行星的轨道不是圆形的。科西莫二世·德·美第奇（Cosimo II Medici）在其父亲去世后成为托斯卡纳大公爵。

1609年　伽利略收到了来自荷兰的望远镜图纸，他完善了望远镜的性能，并于年底开始观测天空。在总督府和圣马可钟楼上，伽利略向威尼斯大公爵展示了新仪器。他被提升为终身教授，且工资大幅度提高（伽利略在威尼斯最后的工资是每年1 000杜卡迪，但他永远不会领取）。

1610年　伽利略观察银河并研究其结构，发现了木星的卫星。他把这些卫星献给托斯卡纳大公爵，命名为“美第奇家族之星”，并在威尼斯出版了基于科学仪器（望远镜）观测的论文《星际信使》（*Sidereus Nuncius*）。

1610年　46岁那年，伽利略被召到佛罗伦萨担任美第奇家族的数学家和哲学家，工资与他在帕多瓦时相同，但不强制在当地教学或居住。他于当年9月1日正式上任，开展对太阳黑子的研究，发现了金星的位相和土星周围的结构（相当于今日认知里的“星环”）。

1611年　伽利略在罗马展示了自己的发现，受到教皇保罗五世的接见，且被许可加入猞猁学院。

1612年　玛丽娜·甘巴去世。伽利略把女儿托付给他的母亲，把儿子托付给一位家庭教师。

1614年　在新圣母玛利亚教堂，多米尼加人托马索·卡奇尼（Tommaso Caccini）抨击伽利略“歪曲解读经文”。

1615年　伽利略前往罗马为他的宇宙论解释辩护，受到朋友和崇拜者的支持。

1615年　伽利略被人告发到罗马宗教法庭。

1616年　教廷谴责哥白尼学说，并警告伽利略不能再以任何形式支持它。

1617年　伽利略搬到佛罗伦萨以北的“美丽视野”别墅，学者和学生们经常前去拜访。

1617年　伽利略的女儿维吉尼娅和利维娅宣誓并成为修女，名字分别为玛丽亚·切莱斯特（Maria Celeste）和阿坎格拉（Arcangela）。

1619年　学生马里奥·圭杜奇（Mario Guiducci）出版《关于彗星的对话》（*Discorso sulle Comete*）；伽利略和耶稣会士奥拉兹奥·格拉西（Orazio Grassi）之间展开了

对彗星现象解释的争论。伽利略与他的儿子文森佐相认。

1619 年　开普勒发表了他的第三定律。

1620 年　伽利略的母亲去世。

1621 年　伽利略的保护者科西莫二世大公去世，他 11 岁儿子的费迪南德二世继任，监护人是母亲奥地利的马达莱娜(Madallena d'Austria)。

1623 年　马费奥・巴贝里尼(Maffeo Barberini)当选为教皇，名为乌尔班八世；伽利略出版《试金者》(*Il Saggiatore*)。

1628 年　伽利略开始撰写关于宇宙的论文，也就是当今著名作品《关于两大世界体系的对话》(*Dialogo sopra i due Massimi Sistemi del Mondo*)的雏形。

1629 年　伽利略的儿子文森佐与赛斯缇利娅・博基内利・迪・普拉托(Sestilia Bocchineri di Prato)结婚，他的孙子伽利略出生。

1630 年　开普勒去世；伽利略前往罗马为获得出版《两大世界体系的对话》的许可。

1631 年　为了便于女儿丽亚・切莱斯特照顾，伽利略搬到阿切特里，位于女儿的修道院附近的"宝石"别墅居住。早年与他有所分歧的弟弟米开朗基罗去世，享年 56 岁；伽利略承担起照顾弟弟 8 个孩子的经济重担。

1632 年　伽利略 68 岁那年于佛罗伦萨出版了他的加有教会审查印记的《关于两大世界体系的对话》一书。同年，教会对自己的决定感到后悔，并责令出版商暂停销售，伽利略也不得擅自散播这部作品。但第一版的 500 多册已经售罄，著作在欧洲广为流传。

1633 年　罗马宗教法庭开庭，对伽利略进行审判和谴责，强行逼迫他放弃哥白尼学说。他被先后监禁在罗马的美第奇别墅和锡耶纳的皮科洛米尼大主教家。圣诞节时，他在阿切特里(Arcetri)改获软禁，并开始撰写《关于两门新科学的对话》。

1633 年　笛卡尔完成著作《世界(论光和论人)》(*Traité du monde et de la lumière*)(在该书中他支持日心说)，但放弃了出版。笛卡尔的创新数学方法与伽利略的力学课程讲义一起在巴黎的马林・梅森神父的学校里讨论，马林・梅森将在 1634 年，远早于意大利出版之前将其翻译成法语。

1634 年　玛丽亚・切莱斯特去世。

1636 年　伽利略近乎失明，阅读、书写和绘画都很吃力。

1637 年　笛卡尔在莱顿发表了《方法论》(*Discours de la méthode*)。他所著关于几何学的文章提出了解析几何学,彻底变革了数学几何思维方式。

1638 年　74 岁时,伽利略出版了《关于两门新科学的对话》。他接待了米尔顿的来访。

1639 年　伽利略的健康状况恶化,疾病缠身,完全失明。学生文森佐·维维亚尼作为助手协助他。

1641 年　学生埃万杰利斯塔·托里拆利(Evangelista Torricelli)来到他身边协助。

1642 年　伽利略去世,享年 78 岁。他的尸体被安放在佛罗伦萨的圣十字大教堂的钟楼上,而没有按他的意愿放在教堂室内他父亲身旁。

1642 年　艾萨克·牛顿在英国出生。

1676 年　丹麦天文学家奥勒·罗默利用伽利略发现的一颗木星卫星的月食现象首次估算了光速,遮蔽时间取决于该行星是在接近还是在远离地球。结果的正确率不超过 30%。

1687 年　牛顿出版了《自然哲学的数学原理》。该书除了其他内容以外,对伽利略的物理学进行了扩展,并对他的许多猜想进行了公式化归纳。他把第一定律(惯性原理)和第二定律归功于伽利略。

1737 年　在最后一位美第奇大公加斯托内的倡议下,伽利略的遗体与文森佐·维维亚尼和一个女人(可能是玛丽亚·切莱斯特)的遗体一起被移到圣十字大教堂内一座纪念墓中。

1757 年　教会废除了禁止印刷支持日心说书籍的法令,但将哥白尼和伽利略的书保留在禁书名单上。

1835 年　哥白尼和伽利略的书被从禁书目录中删除。教会内部开始了漫长的修订过程,伽利略有望恢复名誉,但直到 1992 年他才正式沉冤昭雪。

1851 年　福柯(Foucault)通过他著名的钟摆实验证明了地心说理论不符合牛顿力学。

后记

2019 年 7 月，我惊讶地收到一封来自亚历山德罗・德・安杰利斯的电子邮件，他给我发来了伽利略《关于两门新科学的对话》现代版本的初稿，还附上了几句话征求我的意见，后来这些话也被收录了本书的前言中："虽然标题包含'数学'一词，但伽利略和牛顿一样，只是极其有限地使用了代数公式，他更偏向于使用几何学进行证明。类似 $F=ma$ 的符号数学和解析几何是与伽利略同时代发展起来的，而他并未予以使用。"

此外，伽利略的写作方式有些"怪诞"(请原谅这种说法)，难以阅读和理解。我认为能读懂伽利略的应该是一个读过经典名著并对物理学充满热情的人，而这样的人越来越少了。但是，许多人将因为这本书了解丰盈的艺术、充实的智慧和精彩纷呈的美，还将通过分享字里行间频繁涌现的奇迹为充实自我汲取充足的养分。因为这些原因，我决定将《关于两门新科学的对话》翻译成现代语言和代数公式，使伽利略的著作更易于理解，更贴近我想象中的受过教育的"现代"读者——他们对科学充满好奇、热情，但令人遗憾地几乎没有时间去钻研词汇、历史和哲学古籍。

我脑海中突然浮现起一段独特的人生插曲，在 30 年前的 1990 年，当时我已经当了大约十来年的 DELPHI 国际合作发言人。该组织由来自约 20 个不同国家的约 500 名物理学家组成，在前一年为欧洲核子研究中心(CERN)的大型正负电子对撞机(LEP)建造了一个粒子探测器，并在收集了大量数据后发表了第一批科研成果。年轻的亚历山德罗还是帕多瓦大学的博士生，也是合作的 30 多名博士生之一，我曾就物理学与他交流过几次，发现他有远超同龄人的学识，也有对新思想的开放态度。他有点害羞地走进我的办公室，把一篇准备出版的科学论文放在我的桌子上，上面有所有必要的书目说明，他研究的主题与数百位比他年长和资深的合作者正在研究的内容完全不同。我一边阅读，一边震惊于他清晰的阐述和完美的数据分析。那篇关于"间歇期"现象的专题报告很快就于一本顶级期刊发表，一直是 DELPHI 发表的最优秀和最高引用的作品之一。

几年后，我辞去了 DELPHI 发言人的职务，投身于强子加速器在癌症治疗方面的应用，而亚历山德罗也在离开粒子物理学后转而从事天体粒子物理学的工作。我们见面的机会变少了，尽管我可以在科学杂志上关注拉帕尔马（La Palma）国家天文台的 MAGIC 望远镜所探得的有趣结果，他正是该望远镜的发明者之一。然后，在 2015 年，我在欧洲核子研究中心的办公桌上发现了一本施普林格公司出版的、厚达 700 页的著作《粒子和天体粒子物理学介绍》（*Introduction to Particle and Astroparticle Physics*），作者之一是与多年前在里斯本 DELPHI 小组中的博士生马里奥 · 皮门塔（Mário Pimenta）。最后一章专门讨论天体生物学和基础物理学与生命的关系，读起来有特别大的对于知识的喜悦。我又一次因为作品的质量和创意而惊叹不已。

我在翻阅本书初稿的时候感受到了同样的惊奇和对于知识的喜悦。正如他在第一份邮件后不久的电话中告诉我的那样，安杰利斯从高中开始就对本书原作充满热忱，当时他已经开始在页边空白处把几何的论证翻译成代数语言：“对我来说，用几何证明有点像从上往下用综合的视角审视事物；以代数方式证明就像自下而上地用分析的视野探究事物。”

虽然这是伽利略出版的最后一部作品，但在某种意义上也是第一部。伽利略在比萨任教期间就开始归整他的力学笔记，并让他的学生也参与收集。这部晚期作品的序言揭示了出版商卢多维科 · 埃尔泽维尔隐隐的担忧，他在荷兰进行了大量研究后担心这本书会因为 1632 年出版的《关于两大世界体系的对话》事件而不被世人充分接受（引自德安杰利斯的转述）：“[……]这一部作品以更为淋漓尽致的方式展示了伽利略与生俱来的神圣天赋。它告诉我们伽利略如何不辞辛劳、夜以继日地发现了两门全新的科学，他在书里对其进行了严格的证明，比如几何证明。最引人入胜的是，这两门科学中的一门涉及一个常年热议的[……]：我指的是运动。[……]作者在其研究基础上建立起来的另一门科学与固体抵御断裂的性能有关。[……]本书开天辟地探讨了这两门科学，而且随着时间的推移，新的思想家会在此书翔实的结论继续为两门科学增光添彩。此外，作者通过大量清晰明了的证明，为未来聪慧的读者证明新的定理铺平了道路。”

历史已经证明，卢多维科 · 埃尔泽维尔杞人忧天了。

《两门新科学的对话》是科学方法的开山之作，本书不仅对物理专业的学生和教授，而且对所有科学爱好者以及任何想了解人类思想史的读者都有启迪作用。在这些对话的基础上建立起实验和演示是理解自然的关键工具的意识，这种意思看似简单，却代表了一种永恒不变的教义。充满好奇心的读者，将为伽利略有说服力的论证以及为支撑论点提出的简单例子和实验而拍案叫绝，这般的惊喜会使每一位读者的思维拓宽，滋养每一位读者的修养。

我们必须真诚地感谢亚历山德罗·德·安杰利斯，是他优化了这部现代科学基石之作的阅读体验，即使对于生活节奏愈快、习惯使用和滥用维基百科的读者来说，阅读“伽利略”也成为一件愉悦的事。本书对于读懂和理解“伽利略”可谓功不可没。

乌戈·阿玛尔迪(Ugo Amaldi)
物理学研究员及教师
TERA 肿瘤强子治疗基金会名誉主席